KB161696

내 아이의 첫 번째
해외 영어캠프

앞서가는 부모의 남다른 선택

내 아이의 첫 번째
해외 영어캠프

초판인쇄 2020년 12월 11일
초판발행 2020년 12월 11일

지은이 김태희
펴낸이 채종준
기획·편집 이강임 유나
디자인 김예리
마케팅 문선영 전예리

펴낸곳 한국학술정보(주)
주소 경기도 파주시 회동길 230 (문발동)
전화 031 908 3181(대표)
팩스 031 908 3189
홈페이지 http://ebook.kstudy.com
E-mail 출판사업부 publish@kstudy.com
등록 제일산-115호(2000. 6. 19)

ISBN 979-11-6603-237-0 13980

앞서가는 부모의 남다른 선택

내 아이의 첫 번째
해외 영어캠프

김태희 지음

이담
Books

고단한 40대 외벌이 가장으로
꿈 같은 일요일
한 살 많은 오빠와 나를 양손에 꼭 붙잡고
교보문고와 종로서적을 데려가 주셨던
아버지,

빠듯한 살림을 꾸리며
아이들이 읽고 싶어 하는 책은
모두 사 주셨던
어머니께

존경과 감사의 마음을 전합니다.

인생에 큰 터닝 포인트가 되는
해외 영어캠프

'그랜드 투어'라고 하지요? 18~19세기 영국 귀족들은 자녀를 개인 교사와 함께 프랑스, 독일, 스위스 등 해외로 여행하도록 도왔습니다. 집 떠나면 고생이라고 하는데, 영국 귀족들이 자녀를 해외로 보냈던 데에는 이유가 있었을 겁니다. 바로 자녀들에게 큰 세상을 보여주고 많은 것을 느끼게 해서 국제적인 인물로 키우기 위해서였습니다.

지금도 그랜드 투어가 있습니다. 바로 '해외 영어캠프'입니다. 캠프에 참가한 아이들은 큰 세상을 느끼고, 다양한 상황에 도전하여 본인의 영역을 스스로 넓히며, 자신감, 독립심 등을 기릅니다.

"해외 영어캠프 다녀오면 영어가 많이 늘어요?" 지난 20년 동안 업무하면서 가장 많이 들었던 질문 중 하나입니다. 해외 영어캠프에 참가하면 영어 실력이 급격하게 좋아지는 것보다는, 부모님과 떨어져 외국에서 지내며 큰 세상을 만나고 많은 경험을 쌓는 일이 무엇과도 바꿀 수 없는 큰 자산이 됩니다. 해외 영어캠프에 참가하겠다고 알아보고, 결정하는 것부터 아이들의 새로운 세계에 대한 가슴 뛰는 도전은 시작합니다. 인천공항에서 부모님과 헤어져 처음 본 친구들 및 인솔 선생님과 함께 게이트 앞에서 대기하고, 외국 공항에 도착해서 낯선 환경과 마주하고, 현지 친구와 영어로 수줍은 첫인사를 나누는 모든 순간들이 아이들에게는 큰 도전입니다.

해외 영어캠프는 인생을 바꾸는 기회가 됩니다. 아이들은 영어도 배우지만, 외국에서 부모님과 떨어져 인솔 선생님과 함께 생활하며 새로운 세계를 탐험하고, 도전하고 그리고 성장합니다. 더 큰 꿈을 꾸고, 자신감을 얻습니다. 앞으로의 인생에서 어떤 것을 결정할 때, "어릴 때 혼자 외국에도 갔는데, 이 정도 못 할까?" 혹은 "초등학교 때 미국 캠프에 갔을 때, 미국 아이들과 같이 공부하고 싶다고 했었지. 그래 이번에도 용기 내어 도전해보자"라며 삶의 방향을 긍정적이고 진취적으로 결정할 수 있게 됩니다. 아이들이 느낀 것들이 의식적, 무의식적으로 살아가며 중요한 것을 결정할 때마다 나오게 되는 것입니다. 이 또한 변화하는 세상을 살아가는 데 있어 큰 자산임이 분명합니다.

지난 20년 동안 경험한 것을 이 책 한 권에 적었습니다. 집필하며 2000년 7월 처음으로 캐나다 캠프를 인솔하던 때부터 지금까지 함께

했던 많은 아이들과 부모님들 생각이 났습니다. 아이들과 함께 한 시간은 참 귀하고 좋은 시간이었습니다. 저보다 나이 어린 아이들에게서 많이 배우기도 했고, 수많은 부모님들과 대화하면서 "나도 저런 부모님이 되어야겠다"라는 긍정적인 영향도 받았습니다. 이제 제가 받은 것을 나눌 때가 되었다고 생각합니다.

이 책이 해외 영어캠프에 대해서 알고 싶은 분들, 방학 때 우리 아이를 해외 영어캠프에 보내려는 부모님들, 그리고 큰 세상에서 도전하고 싶은 아이들에게 작지만 큰 도움이 되었으면 합니다. 해외 영어캠프 참가가 아이들 인생에 큰 터닝 포인트가 될 거라 자신합니다.

이제 가슴 두근거리며 해외 영어캠프에 대해 자신 있게 말씀드리겠습니다.

2020년 가을

김태희 씀

• Contents •

PART 3

나라별 해외 영어캠프 가이드

글로벌한 영어의 중심, 미국

다양한 문화와 우수한 교육환경, 캐나다

클래식한 영어의 심장, 영국

PART 4

해외 영어캠프 그 후

PART

1

〜〜

왜
해외 영어캠프
일까요?

해외 영어캠프가 뭐에요?

해외 영어캠프

해외 영어캠프(이하 캠프)는 초 · 중 · 고등학생이 미국, 캐나다, 영국, 호주, 뉴질랜드, 필리핀, 말레이시아, 괌 등 외국에서 여름 혹은 겨울 방학 동안 영어를 배우는 프로그램입니다. 현지 문화 체험을 하는 프로그램으로 부모님이 동반하지 않고 아이는 인솔자 선생님과 함께 떠납니다.

부모님과 떨어져서 아이 혼자 외국에서 1~2달 동안 지낸다고 상상해 볼까요? "재미있겠다, 많이 배우고 와야지"라는 생각과 "1~2달이라는 기간이 짧다면 짧고, 길다면 긴 기간인데 나 정말 잘할 수 있을까" 혹은 "우리 아이 아직 어린데 괜찮을까" 등 여러 생각이 교차합니다.

아이들은 부모님이 집에서 보시는 아이의 모습보다 훨씬 더 의젓합니다. 아이들은 스스로 생각하는 것보다 훨씬 더 크고 강합니다. 캠프에 참가하면 외국 친구들과 같이 어울려서 영어로 소통하면서 아이들은 큰 세상을 보고 다양한 외국 문화를 체험합니다. 미국 또래 아이들과 어울려서 같이 정규 수업도 하고, 유럽 동갑내기 친구들과 어울려 영국 문화를 탐방합니다. 귀국 후 프랑스 친구랑 같이 탐방했던 영국 옥스퍼드 거리가 생각이 나고, 미국 친구와 농구 후 같이 마셨던 게토레이가 생각나기도 합니다.

어쩌면 그냥 그렇게 보낼 수 있는 여름, 겨울 방학 동안 우리 아이들은 평생 잊지 못할 큰 추억을 가집니다. 지금까지 보내왔던 여름, 겨울 방학과 전혀 다른 귀중한 경험을 합니다. 소중한 추억과 경험은 의식적, 무의식적으로 아이들에게 오랜 기간 동안 남아 있는 큰 자산입니다. 인생에서 중요한 것을 결정할 때 어릴 때 참가했던 경험이 의식적, 무의식적으로 남아 아이들이 새로운 것에 도전하고 성취하는 데 큰 동력이 됩니다.

아이들은 방학 기간 동안 영어도 배우고, 큰 세상을 보면서 많은 경험을 합니다. 캠프 기간 동안 재미있는 일들이 많이 있다고 하지만, 매일 매 순간이 모두 재미있지만은 않습니다. 선생님께 혼나기도 하고, 옆 친구와 말다툼하기도 합니다. 아이들은 여러 일들을 겪으면서 성장하고, 나아지고, 더욱 단단해집니

다. 미국 캠프에 다녀와서 미국 유학을 생각하게 되었고, 영국 캠프에 다녀와서 전 세계를 무대로 커리어를 쌓겠다는 꿈을 꾸기도 합니다.

아이들 인생에 큰 터닝 포인트가 되는 해외 영어캠프에 대해서 자세하게 말씀드리겠습니다.

왜 해외 영어캠프를 가야 할까요?

큰 도전

해외 영어캠프는 대부분 부모님이 동반하지 않고 오롯이 아이 혼자 떠납니다. 어린아이들에게는 부모님과 떨어져 외국에서 생활한다고 생각하는 것 자체가 이미 큰 도전입니다. 캠프가 시작되면 아이들은 태어나서 처음으로 부모님 품을 벗어나 혼자 머나먼 외국으로 비행기를 타고 떠납니다. 짧게는 4시간, 길게는 10시간 이상 비행기를 타고 캠프 장소에 도착하면 아이들은 완전한 혼자가 됩니다. 현지 공항에 도착하자마자 낯선 나라의 공기가 느껴지고, 우리나라에서는 들어보지 못했던 낯선 영어 발음이 들리고, 낯선 사람들 모습이 보입니다.

영어 공부를 더 열심히 할 생각으로 갔지만, 캠프는 영어 공부뿐만 아니라 새로운 환경에 적응해야 하는 미션이 하나 더 있습니다. 주변엔 온통 낯선 것투성인 데다가 내가 힘들다고 투정

부릴 부모님도 없고, 동생도 없고, 친구도 없어 심리적으로 아이들이 힘들어할 수도 있지만 걱정할 필요가 없습니다. 우리 아이들은 부모님이 생각하는 것보다 훨씬 더 씩씩합니다.

'캠프 기간에는 부모님 보고 싶어도 볼 수가 없다. 이제 시작이다. 마음 단단히 먹자.'

아이들은 캠프가 시작되면 저마다 자신만의 다짐을 하나씩 세웁니다. 이런 마음가짐과 외국에서 영어 공부를 한 경험은 앞으로 세상을 살아가면서 겪을 힘든 일을 이겨낼 수 있는 예방 주사와 같습니다. 처음으로 부모님 품을 떠나 스스로 결정하고, 그 결정에 책임을 지면서 우리 아이들은 한 뼘 더 자랍니다. 아이들은 혼자가 되어 자립심과 독립심을 기를 뿐만 아니라 스스로 할 수 있다는 자신감도 기릅니다. 이러한 캠프 경험이라는 큰 도전은 "더 어릴 때도 했는데, 이거는 아무것도 아니야"라고 스스로에게 말할 수 있는 최고의 인생 자산이 될 것입니다.

자신감

캠프에 등록할 때면 부모님들이 가장 많이 묻는 질문이 있습니다. "우리 아이 영어 못하는데 괜찮을까요? 밥도 못 얻어먹고 굶는 거 아닐까요?"입니다.

캠프에 참가하는 아이들 중 영어를 아주 유창하게 잘하는 아이들은 100명 중에 1~2명 정도입니다. 이 아이들은 어릴 때 외국에서 산 적이 있거나 혹은 몇 년 전에 외국에서 학교를 다닌 적이 있어서 아이가 다시 한번 더 외국 생활을 하고 싶다고 해서 참가하는 경우입니다. 이 몇 명 아이들을 제외하고 캠프에 참가하는 대부분의 아이들의 영어 말하기 실력은 거의 큰 차이가 없습니다.

물론 독해, 작문, 문법 및 단어 지식 등은 아이들별로 학습 기간이나 수준에 따라 어느 정도 차이가 있을 수 있습니다. 하지만, 말하기 실력은 아이의 자신감과 적극성에 많이 비례합니다.

한 초등학교 4학년 남자 아이가 미국 캠프에 참가한 적이 있었습니다. 이 아이의 부모님께서는 일부러 아이에게 별도로 영어 교육을 시키지 않았고, 학교에서만 가르쳐 주는 영어만 공부하게 했습니다. 그렇다 보니 아무래도. 이 아이 영어 실력은 영어 유치원 혹은 학원을 다니면서 공부한 또래 친구들과 차이가 있었습니다.

이 아이는 수줍은 모습도 있었지만, 미국 생활에서 참 적극적이었습니다. 영어를 아주 많이 잘하지는 않았지만, 평소 우리나라 학교에서 배운 단어 및 문장을 조합해서 미국 친구들과 같이 놀고 대화했습니다. 같은 반 미국 아이들과 함께 농구하고, 학교 매점에서 과자를 사서 미국 짝꿍과 나누어 먹고, 우리나라에서 가져온 공기를 알려주면서 같이 깔깔 웃고 놀았습니다.

아이는 그렇게 많지 않은 영어 단어와 문장으로 미국 아이들과 통하는 것을 참 신기해했습니다. 캠프가 마칠 무렵 아이는 미국 친구들과 많이 사귀었고, 할 수 있다는 자신감을 큰 수확으로 가졌습니다.

이 아이뿐만이 아닙니다. 우리 아이들 대부분 우리나라에서 영어 공부를 합니다. 그런데, 막상 미국 아이들을 만나면 수줍어하고, 자신 있고 크게 말하기보다는 우물거리는데요. 그래도 캠프 생활하면서 미국 선생님, 친구들, 홈스테이 가족들과 만나면서 영어로 대화를 하고 내가 배운 영어가 통하는 것을 보면서 자신감을 느낍니다. 그리고, 귀국 후 더 열심히 영어공부를 하겠다는 동기 부여도 됩니다.

살아있는 영어

캠프에 왜 참가해야 할까요? 우리나라에도 영어 학원, 1:1 원어민 과외, 화상영어 등 영어를 공부할 수 있는 방법은 많이 있습니다. 어쩌면 단순히 영어 실력 향상만을 본다면 우리나라에서 공부하는 것이 훨씬 효율적이고 가성비 면에서 더 좋을 수 있습니다. 집 떠나면 고생이라는데, 왜 캠프에 참가하는 것일까요? 그 이유는 바로 아이들이 현지에서 책상에서 배울 수 없는 살아있는 영어를 자연스럽게 배울 수 있다는 것입니다.

책상에서 배운 영어는 원어민들이 잘 쓰지 않는, 혹은 어색한 영어일 가능성이 큽니다. 문법적으로 맞는 영어 문장이라고 해도 외국인이 듣기에는 어색할 수 있습니다. 우리 아이가 문법과 단어를 적절히 사용해서 잘 말했다고 생각했는데, 외국인이 못 알아들은 적이 있다면 그 이유는 어색한 영어를 사용했기 때문입니다. 캠프는 책상에서 배운 어색한 영어에 도움을 줄 확실한 해결책입니다. 캠프는 책상에서 배울 수 없는 살아있는 영어를 자연스럽게 배울 수 있게 해줄 뿐만 아니라 원어민들만 알 수 있는 영어 표현이나 최신 트렌드 언어도 함께 배울 수 있습니다.

현지 문화 체험

캠프는 현지에서 영어를 배우는 것은 물론 현지 문화 체험도 할 수 있습니다. 현지 문화 체험은 영어권 문화에 대한 이해도가 높아져 영어 공부하는 데 시너지 효과를 냅니다. 캠프에는 디즈니랜드, 유니버설 스튜디오 등을 탐방하며 재미있는 현지 문화 탐방하는 프로그램이 있고, 외국인 가정에서 홈스테이를 하는 아이들은 영어와 현지 문화를 자연스럽게 익힐 수도 있습니다. 그리고 캠프에서는 현지 아이들과 함께 정규 수업을 하거나 혹은 외국에서 참가한 또래 친구들과 함께 영어를 배우기 때문에 현지 문화는 물론 다양한 문화를 경험할 기회가 됩니다. '우물 안 개구리'에 나오는 개구리로 우리 아이를 키우지 않으려면 넓은 세상에서 다양한 사람들을 만나보고 많은 경험을 할 수 있게 해주어야 합니다. 캠프에서 경험한 현지 문화 체험은 다름을 인정하고 좀 더 글로벌적인 시각을 가진 아이로 성장할 수 있도록 해줄 것입니다.

적극적인 수업 분위기

외국에서는 나 자신과 나의 의견을 표현하는 데 굉장히 적극적입니다. 한국과는 다른 적극적인 수업 분위기는 아이들이 받는 문화 충격 중 하나입니다. 외국 아이들은 수업 시간에 선생님이 "다음 문단 읽을 사람?" 혹은 "이 문제 풀 수 있는 사람?" 등 무언가 질문을 하면 서로 먼저 하겠다고 손을 듭니다. 손을 드는 것이 그냥 엉거주춤, 드는 듯 마는 듯 수줍게 드는 것이 아니라 질문 나오자마자 팔을 귀 옆에 바짝 대고 높이 손을 듭니다. 그에 반해 우리 아이들은 적극적인 몇 명만 손을 들고 발표하겠다고 하고, 아이들 대부분 발표하는 것을 수줍어하고 손을 드는 데 주저합니다. 우리 아이들은 자신의 답이 틀릴 것을 부끄러워해 책만 바라보는데, 이건 우리 아이들의 잘못이 아닙니다. 그동안의 수업 분위기가 이런 식이었고, 아직 익숙지 못한

것뿐입니다. 캠프 기간이 흘러 3~4주 차 정도가 되면, 외국 아이들 못지않게 우리 아이들도 서로 적극적으로 손을 들면서 발표하겠다고 합니다. 틀려도 자신 있게 나의 의견을 말하고, 혹시나 틀려도 부끄러워하지 않습니다. 아이들은 길다면 길고 짧다면 짧은 캠프 기간을 거치며 자신감이 넘치고 나의 의견을 분명히 말할 수 있는 아이로 성장합니다. 아이들이 변화하는 모습을 보고 있으면 참 뿌듯하고 보람을 느낍니다.

몇 학년 때 참가하는 것이 좋아요?

캠프 참가 최적기

"우리 아이 지금 초등학교 3학년인데 너무 빠르지 않을까요?", "우리 아이 중학교 3학년인데 너무 늦지 않았을까요?" 부모님께서 많이 하시는 질문입니다.

캠프 참가 연령은 대부분 초3~고1까지입니다. 부모님들께서는 내 아이가 캠프 참가에 너무 어린 나이가 아닌지 혹은 다른 캠프 참가한 아이들보다 나이가 훨씬 더 많아서 또래 친구가 없으면 어떨지 고민을 하십니다.

이 질문을 받으면 저는 항상 다음과 같이 말씀드립니다. "캠프는 아이가 가장 가고 싶어 할 때 참가하는 것이 제일 좋아요"

지금까지 업무하면서 많은 아이들을 만났습니다. 초등학교

1학년 때 참가한 아이부터 고2 때 온 아이까지 아이들의 학년
은 다양했습니다. 그런데, 아이들이 적응하는 것은 보면 아이들
마다 속도가 다 다릅니다. 아이들 적응 속도를 보면 아이들 나
이도 영향을 미치지만, 각자의 성향, 자신감, 캠프에 얼마나 오
고 싶어 했나 등도 크게 작용합니다.

아이들이 캠프에 참가하면 캠프 기간 1~2달 동안 부모님과
떨어져서 혼자 생활하게 됩니다. 물론 인솔자 선생님이 바로 옆
에서 보살펴 주지만, 그래도 경험하고, 적응하고, 이겨내는 것은
혼자 해야 합니다.

우리나라에서 학교에 다닐 때도 학교 다니는 것은 재미있지
만 여러 일들이 일어납니다. 선생님께 혼나기도 하고, 단짝 친
구와 싸울 때도 있습니다.

캠프 생활도 마찬가지입니다. 외국에서 생활하는 것이 재미
있고, 우리나라에 돌아가는 것이 너무 아쉬울 정도로 새롭고 즐
거운 일들이 가득합니다. 하지만, 처음 도착 후 시차로 힘들 수
도 있고, 음식이 입에 안 맞을 수도 있습니다. 선생님께 혼날 때
도 있고, 친구가 서운한 말을 할 때도 있습니다.

아이들은 캠프 현지에 도착하면 시차, 음식, 사람, 문화, 에티

켓 등 전혀 다른 세상을 만나게 됩니다. 아이들에게는 적응 시간이 필요합니다. 처음 도착 후 현지에 적응하는 기간은 아이들별로 약간 차이가 있지만 일반적으로 약 1주일 정도 시간이 걸립니다. 아주 간혹 2주 정도 걸리는 경우도 있는데, 이것은 드문 경우이기는 합니다. 이 변화의 시기에 아이들은 엄마 보고 싶다고 울면서 집에 전화할 수도 있고, 음식을 안 먹을 수도 있고, 몸이 아플 수도 있습니다.

내가 정말 가고 싶어서 온 경우에는 좀 더 적극적으로 대처합니다. "내가 정말 오고 싶었는데, 이 정도는 아무것도 아니지. 괜찮아. 어려움 있을 거라고 예상했잖아. 이겨내자."라고 마음을 단단히 먹습니다. 반대로 억지로 참가한 경우에는 적응에 시간이 좀 걸리기도 합니다. 아이는 '엄마는 왜 나를 이렇게 시차도 많이 나는 곳으로 보냈는지', '외국 음식을 왜 이렇게 짠지', '여기는 왜 아침 일찍 일어나야 하는지' 등 불평과 스트레스로 인해 좀 더 긴 적응기간을 필요로 하게 됩니다.

그래서 언제 캠프 참가하는 것이 최적기인지를 물으시면, "아이가 가고 싶을 때 보내세요"라고 말씀을 드립니다. 그런데, 아이는 캠프에 별 생각이 없었는데도 결과적으로는 좋은 경험을 하는 경우도 많이 있었습니다. 제가 그 케이스를 소개해 드리겠습니다.

나이는 어렸지만
누구보다 의젓했던 아이

제가 지금까지 캠프를 인솔하면서 가장 어린 나이에 참가한 아이는 초등학교 1학년 겨울 방학 때 참가한 여자 아이입니다. 이 아이는 초등학교 2학년 되기 전, 초등학교 4학년인 사촌 언니와 함께 캐나다 겨울 캠프에 참가했었습니다.

당시 진행했던 캠프는 초등학교 3학년부터 가능했습니다만, 부모님께서 아이가 정말 가고 싶어한다고 하시며, '똑똑하고 의젓하니 잘할 것'이라며 꼭 참가를 원하셨습니다. 그래서 학교에 문의하니 특별히 가능하다고 하여 참가했습니다. 이 아이는 아주 의젓하게 잘했습니다. 첫 주에 엄마 보고 싶다고 2~3번 정도 울기는 했지만, 금방 적응하였고 같이 캠프에 참가한 언니, 오빠들보다 훨씬 더 잘 지냈습니다.

캐나다 캠프에서 만족스럽게 경험을 하고, 아이는 초등학교 2학년 때는 사촌 언니 없이 혼자 영국 캠프에 참가하였습니다. 이 아이의 도전은 성공적이었습니다. 영국 캠프에서도 똘똘하게 잘했습니다. 인천 공항 및 영국에서 영국 선생님에게 귀여움을 많이 받았고, 유럽 친구들도 많이 사귀었습니다. 같이 참가한 언니들도 이 아이를 많이 예뻐했습니다.

이 아이는 훌쩍 커서 인천공항에서 부모님을 뵈었고, 나중에는 혼자 유럽 여행할 거라고 자신 있게 이야기했습니다.

고1 남학생의 눈물

미국 캠프에서 졸업식 직후 한 학교 풍경입니다.

"애들아! 고생 많았어~ 한국에 가서도 연락하자", "선생님! 너무 재미있었어요. 우리 한국 가서 꼭 만나요!" 인솔자 선생님과 캠프 참가한 아이들이 미국 캠프 마지막 날 졸업식을 마치고 아쉬워하며 이야기합니다.

고등학교 1학년 남학생이 '더 있고 싶은데 시간이 너무 빨리 갔다'며 안타까워합니다. 다른 아이들도 그렇지만 이 아이가 하는 말은 인솔자를 특별히 더 기쁘게 합니다.

이 아이는 2남 1녀 중 장남인데 부모님께서 큰 세상을 보고 많은 경험을 하라고 미국 캠프에 신청하셨습니다. 도착 후 영어도 잘 안 들리고, 음식도 다르니 아이는 많이 당황했습니다. 캠프 도착 다음 날 외부 활동으로 놀이 공원에 갔습니다. 다른 아이들은 놀이 기구 재미있다고 이것저것 타고 신이 났습니다.

고등학교 1학년 남학생은 힘없이 벤치에 앉아 있습니다. "저

한국 가면 안 돼요? 잠도 안 오고, 어제부터 아무것도 안 먹었는데 배가 안 고파요. 너무 집에 가고 싶어요." 키가 177cm도 넘는 큰 아이가 울면서 이야기합니다. 아직 우리 미국 도착한 지 24시간도 되지 않았고, 원래 처음에는 다 그러니 좀 더 기다려보자고 다독였습니다.

아이는 계속 캠프 적응에 어려움이 있었고, 부모님과도 거의 매일 상담을 하였습니다. 1주 반이 지나도 아이가 계속 완강하게 집에 가고 싶다고 했습니다. 아이와 부모님께 "이미 미국에 도착하고 수업을 시작했다. 환불도 되지 않고 항공 날짜 변경 수수료도 별도로 내야 한다"라고 말하였지만 아이는 변함이 없었습니다.

계속 조금만 더 있어보자고 설득을 하였지만, 캠프 기간 4주 중 반인 2주만 마치고 가기로 하였습니다. 귀국 항공권 날짜는 앞당겨졌고, 공항 픽업 예약도 마쳤습니다. 조기 귀국을 요청하는 아이들은 있었지만, 실제로 귀국 날짜 변경까지 한 것은 처음이었습니다.

그런데, 예정 귀국 날짜 하루 전에 아이 마음이 갑자기 바뀌었습니다. 지금까지 2주 했으니, 나머지 2주도 한번 해보겠다고 하는 겁니다. 귀국 항공권 날짜를 원래대로 변경하였고, 원래 캠프 일정에 따라 귀국을 하였습니다.

결심 후 아이는 전혀 다른 사람이었습니다. 미국 음식도 잘 먹고, 친구들과도 농담도 하고, 수업 마치고 미국 아이들과 축구도 하면서 아이는 활발한 원래 모습이 나왔습니다. 워낙 잘 지내기에 "나중에 결혼할 여자 친구에게 너 운 거 이른다."라고 농담하니 "절대 그러지 마세요."라고 말하며 도망갑니다. 아이가 이렇게 변하는 모습을 보니 참 기특하고 보람을 느낍니다.

아이의 캠프 적응은
부모님의 역할이 중요합니다

아이가 적응 잘하는데 부모님 역할이 아주 중요합니다. 처음 도착하자마자 원래 다니던 학교에 다니는 것처럼 잘하는 아이들도 있지만, 앞서 말씀드린 것처럼 일반적으로 약 1주일 정도의 시간이 필요합니다. 이때 부모님의 역할이 아주 크게 작용합니다.

아이가 현지 시간이면 새벽 2시인데 잠도 이루지 못하고 부모님께 울면서 집에 가고 싶다고 전화했을 때 "전에 인천공항에서 보니까 너보다 더 어린아이도 있던데, 너도 할 수 있어. 우리 한번 해보자!"라고 말씀을 하시면 아이도 이해하고 노력합니다.

그런데, 아이가 울면서 전화했을 때(배가 아프거나 음식을 거부하는 등으로 스트레스 반응이 나타날 수 있습니다), "힘들지? 그냥 와라. 엄마가 선생님께 말해줄 거니까 참지 말고 그냥 와"라고 하시는 경우가 있습니다. 안쓰러운 마음에 나온 위로의 말이자, 아이에게 부모로서의 든든함을 안겨 주기 위한 다독임이겠지만 이런 경우에는 아이가 현지 생활에 적응하는 데 좀 더 시간이 걸립니다. 아이들 대부분 1주일 정도면 적응하니, 아이들을 믿고 아이들에게 시간을 주시면 아이들은 멋지게 적응합니다.

제가 지금까지 20년 이상 업무하면서 부적응으로 인해 먼저 귀국하고 싶다고 하는 아이들은 몇 명 있었습니다. 하지만, 실제로 조기 귀국한 경우는 없었습니다. 우리 아이들은 부모님이 보시는 것보다 훨씬 더 크고 강합니다. 부모님의 따뜻한 격려와 믿음이 아이들이 빨리 적응하는 데 아주 중요합니다.

영어가 많이 느나요?

엄마! 영어 더 배우고 싶어요

"캠프 참가하면 우리 아이 영어가 좀 달라질까요?" 부모님께서 많이 묻는 말입니다. 과연 어떨까요? 제 경험상 캠프에 참가하면 아이들 영어 실력이 늘기는 하는데, 기대하시는 만큼 많이 향상되지는 않습니다.

여기에서 먼저 캠프 목적에 대해 잠시 말씀 드려볼까 합니다. 방학 1~2달 동안 외국에서 생활했다고 해서 아이가 갑자기 미국인이나 다른 영어권 국가 사람이 되는 것은 아닙니다. 외국에서 생활하면서 큰 세상을 보고, 또래 외국 아이들의 공부하는 것을 보면서 영어에 대한 호기심을 자연스럽게 가지게 됩니다. 그러면서 "영어를 더 배우고 싶다, 나도 외국에서 공부해 보고 싶다"는 것을 느끼게 되지요.

이번 방학 기간 동안 집중적인 영어 실력 향상이 목표이신 경우는 우리나라 학원에서 공부하는 것이 더 낫습니다. 하지만, 단기보다는 장기적으로 보시고, 아이가 영어를 좋아하고 스스로 공부했으면 좋겠다고 하시는 경우는 캠프를 적극적으로 추천합니다.

'You can lead a horse to water, but you can't make him drink.' '말을 물가에 데려갈 수는 있지만, 물을 마시게 할 수 없다'라는 서양 속담입니다. 아이들은 캠프에 참가하게 되면 또래 외국 친구들을 많이 사귀게 됩니다. 같이 수업을 듣고, 세계적으로 유명한 방탄소년단(BTS)의 아미인 것을 확인하고, 지금 10대들에게 유행하는 패션, 서로 학교 끝나는 시간, 학교 마치고 친구들과 무엇을 하면서 노는지 물어보면서 외국 아이들의 하루 일과를 알고 자연스럽게 외국 아이들의 생활과 문화를 느끼게 됩니다.

캠프 수업 시 외국 아이들과 함께 조를 짜서 게임도 하고, 토론도 합니다. 아웃도어 캠핑을 가면 10명 정도 한 조를 이루게 되는데, 서로 돌아가면서 조장을 맡습니다. 이 조에는 우리나라 친구들이 1~2명 더 있을 수도 있지만, 아예 한국 아이로는 혼자 배정을 받아서 외국 아이들과 함께 생활합니다.

이때 우리 아이들은 외국 친구들의 영어를 100% 알아듣지는 못하는 경우가 많습니다. 그래도 알아들으려고 노력하고, 스스로 영어로 최대한 표현을 합니다. 이러면서 자연스럽게 영어도 배우고 사회성, 자신감, 도전정신 등을 배우게 됩니다.

캠프 생활을 함께 하며 친해진 외국 친구들과 계속 페이스북, 인스타그램 등을 통해 영어로 연락합니다. 영어를 잘하면 더더욱 좋지요. 영어를 잘하면 잘할수록 친한 친구와 더 많은 대화를 할 수 있고, 더 정확하게 내 마음을 표현할 수 있습니다. 친구의 말도 더 정확하게 이해할 수 있지요. 그렇게 아이들은 영어가 재미있다, 배워야겠다는 생각을 하고 열심히 영어 공부를 합니다.

캠프 생활 중 현지 명문 대학교 탐방하는 일정이 포함되는 경우도 있습니다. 재학생과 함께 학교를 탐방하며 질문과 답변을 하는 시간이 있는데요. 그 학교 학생만이 할 수 있는 말을 합니다. "우리 학교에는 이 까페테리아 핫도그가 맛있다, 이 도서관에서는 이 자리가 인기가 많다"부터, "나는 앞으로 무엇을 하고 싶고, 그래서 나는 지금 이것을 전공하고 있다, 나는 고등학교 때 몇 등을 했고, 이렇게 공부했다" 등 아이들에게 동기부여가 되는 멘토링 시간입니다. 이 말들에 자극을 받은 아이들은 나도 세계적으로 유명한 대학교에서 공부하고 싶다는 꿈을 키우게 됩니다.

아이들에게 공부하라고 말하는 것은 한계가 있습니다. 24시간 계속 따라다니면서 공부하라고 할 수도 없고 말이죠. 아이들이 영어를 공부하는 것이 재미있어서 스스로 하고, 큰 세상을 상대로 공부하고 싶다고 아이가 마음을 먹게 하는 것이 캠프 참가의 가장 큰 목표이자 과실이기도 합니다.

프랑스 친구 레아랑
내년 여름에 영국에서 다시 만나기로 했어요

"이번에 영국 캠프에 참가해서 정말 즐거웠어요. 프랑스 친구 레아와 내년에도 영국 캠프에서 다시 만나기로 했어요. 내년에 레아랑 더 많이 이야기 나누려면 영어 공부 더 많이 해야 해요."

중학교 2학년 여학생이 신이 나서 이야기합니다. 이 아이는 영국이 자기 체질이라고 합니다. 처음에는 부모님께서 영국 캠프에 참가하면 어떠냐고 여쭈어보셨을 때 "그냥 가면 좋겠다" 정도였다고 합니다. "영국에 가면 다양한 유럽 아이들 많이 있다고 하니, 고등학교 가기 전 좋은 경험하겠다" 정도로 생각했다고 합니다.

처음에 영국에 와서 레벨테스트를 받고 반을 배정을 받았는데, 같은 반에 프랑스 친구 레아가 있었습니다. 둘은 알고 보니 BTS의 팬인 아미였습니다. 서로는 금방 친해졌습니다. 수업, 식사, 야외 활동 시 항상 같이 다녔습니다. 레아와 이야기하며 모르는 영어 단어는 사전을 찾고, 잘 모를 때는 서로 그림으로 설명했습니다. 우리나라와 프랑스 동갑내기 여학생의 우정은 깊어졌습니다.

아쉽게도 캠프 마칠 때가 왔습니다. 귀국할 때, 아이들은 서로 페이스북과 인스타그램을 통해 계속 연락하고, 내년 여름에 영국에서 다시 만나기로 약속했습니다. 중학교 2학년 여학생은 우리나라 귀국 후 더 열심히 공부해서, 하고 싶은 말 영어로 레아에게 다 하겠다고 다짐을 합니다.

저 스탠퍼드 대학에 입학할래요

"선생님 저 결심했어요. 공부 열심히 해서 스탠퍼드 대학에 입학할 거예요. 대학 졸업 후 세계적인 엔지니어가 되고 싶어요."

경북 안동에서 미국 캠프에 참가한 중학교 3학년 남학생이 이야기합니다. 이 아이는 스스로 "나는 잘하는 것이 공부밖에 없다."라고 말하는 아이였습니다. 출국 전 부모님께서 아이가 조용하고, 말 수가 적은 편이라고 걱정을 하셨습니다. 그랬던 이 아이가 캠프 마칠 무렵 자신 있게 스스로의 꿈에 대해서 먼저 이야기합니다.

사춘기 남학생의 특징 중의 하나가 말수가 적어진다는 것입니다. 그런데 이 아이는 또래보다 더 조용한 편이었습니다. 처음에 "미국 음식이 짜다, 괜찮다"는 말 정도만 하고, 거의 말을 하지 않았습니다.

미국 캠프 일정 중에서 스탠퍼드와 UC 버클리 대학 탐방 일정이 있었습니다. 이 아이는 조용히, 그러나 눈을 빛내며 하나하나 유심히 보았습니다. 스탠퍼드 대학교 재학생과 학교 탐방 시 이것저것 관심 있게 질문을 하였습니다. 여러 가지 생각을 하더니, 대학 탐방 마치고 돌아오는 길에 아이가 열심히 공부해서 스탠퍼드 대학에 입학할 거라고 조용히 이야기합니다. 아이가 결심한 만큼 꼭 꿈을 이룰 거라 믿습니다.

비용은 얼마나 드나요?

해외 영어캠프 비용은 나라별, 업체별, 또 환율에 따라 차이가 있습니다. 여기에서는 영어권 국가와 동남아 국가로 나누어 평균적인 비용을 소개해 드립니다.

영어권 국가

영어권 국가로는 미국, 캐나다, 영국, 호주, 뉴질랜드 등입니다. 학교, 도시, 프로그램 및 포함 비용 등에 따라 약간 차이가 있지만, 일반적으로 보면 미국과 영국이 가장 참가 비용이 높은 편입니다. 캐나다는 미국과 영국 보다 약간 더 저렴한 편이고, 호주와 뉴질랜드는 캐나다보다 더 저렴합니다.

캠프 비용은 "캠프 참가비(학비, 숙식비, 야외 활동비, 교통비, 방과 후 수업, 인솔자 비용, 비자비, 여행자 보험 등 용돈을 제외한 모든 비용)와 왕복 항공료"로 구성이 됩니다. 이렇게 캠프에 참가하는 비용 외에는, 현지에 도착 후 따로 아이들에게 돈을 받거나 추가요금을 내는 경우가 거의 없는 편입니다. 대체적으로는 아이들 용돈을 제외하고는 추가 비용이 발생하지 않아요. 단, 업체별로 상이할 수 있으니 출발 전 반드시 확인하시면 좋겠습니다.

아래는 4주 참가 시 필요한 대략적인 금액입니다. 환율, 물가 상승률, 업체에 따라 다를 수 있으니 참고해 주세요.

미국

미국의 경우는 동부와 서부에 따라 비용이 약간 차이가 있습니다. 아래 비용은 업체 및 항공 예약 시기에 따라 달라지는데요. 우선 일반적으로 보시면 다음과 같습니다.

미국 동부는 학비 및 생활비가 서부에 비해서 약간 더 높은 편인데요. 미국 동부의 캠프 참가 비용은 약 700만 원 정도이고, 왕복 항공료는 국적기 기준 약 250~300만 원 정도입니다.

미국 서부는 동부보다 좀 더 저렴한 편입니다. 미국 서부 참가 비용은 약 600만 원 정도이고, 왕복 항공료는 국적기 기준 약 200~220만 원 정도입니다.

캐나다

캐나다는 미국에 비해 좀 더 저렴한 편이기는 합니다. 캐나다 참가 비용은 약 580만 원 정도이고, 왕복 항공료는 국적기 기준 약 200만 원 정도입니다.

영국

영국은 미국 동부와 비슷한 편이라 캠프 참가 비용은 약 700만 원 정도이고, 왕복 항공료는 국적기 기준 약 200~250만 원 정도입니다.

호주와 뉴질랜드

호주와 뉴질랜드는 캐나다보다 더 저렴한 편입니다. 캠프 참가 비용은 약 600만 원 정도이고, 왕복 항공료는 국적기 기준 약 200만 원 정도입니다.

영어권 국가에 비해서 필리핀 등 동남아 국가의 비용은 절반
이라고 보시면 됩니다.

말레이시아는 캠프 참가 비용은 약 430만 원 정도이고, 왕복
항공료는 약 70만 원 정도입니다. 필리핀은 말레이시아보다
좀 더 저렴합니다. 필리핀은 학비, 항공료, 식비, 숙소비, 야
외 활동비, 해외여행자보험 등 용돈 제외하고 모든 것을 포함
하여 약 400만 원 정도입니다.

꿀팁 하나를 알려드리겠습니다. 방학 캠프가 가장 저렴할 때
는 모집이 시작되는 여름 캠프는 3월경, 겨울 캠프는 8월경입니
다. 업체에서는 조기 이벤트를 열어 가장 많이 할인해주고, 항
공료도 저렴하게 구입하실 수 있으니 캠프 참가를 결정하셨으
면 일찍 등록하시는 것이 좋습니다.

어느 나라가 가장 좋을까요?

선생님 아이라면 어느 나라에 보내시겠어요?

부모님께서 상담 중간에 조심스럽게 말을 꺼냅니다. "선생님 아이라면 어느 나라에 보내시겠어요? 옆집 아이가 이번 방학에 캠프 참가했다고 하니 우리 아이도 보내고 싶은데, 막상 나라를 선정하려고 하니 어디가 좋은지 모르겠어요"라고 말씀하십니다.

이 질문에 대한 제 답은 딱 하나입니다. "아이가 가고 싶어하는 곳으로 보냅니다. 만일 아이가 따로 선호하는 국가가 없다고 하면, 저는 나라 특징을 설명해 주고, 아이가 선택하라고 할거예요"

캠프 참가 최적기가 "아이가 가고 싶을 때"인 것처럼, 국가도 "아이가 가고 싶은 곳"을 가는 것이 가장 좋습니다. 그렇다면 나라별 특징이 어떻게 될까요? 다음과 같이 말씀드려보겠습니다.

미국이 왜 세계 1위인지 알았어요

가장 선호하는 국가 중 하나입니다. 세계 1위 국가이다 보니, 미국식 영어를 많이 선호하고, 미국 문화, 에티켓, 생활 등을 배우기 위해서 많이 신청하십니다.

미국은 우리나라 겨울 방학 때 스쿨링이 가능해서 인기가 많습니다. 현지 학교 정규 수업에 참가해서, 현지 아이들이 입는 교복을 입고 한 반 정원 20~25명에 우리나라 아이들 2~3명이 배정을 받아 동등하게 공부합니다.

우리나라 여름 방학 때는 미국 아이들도 방학입니다. 이 시즌에는 정규 수업보다는 영어를 배우고 다양한 미국 문화 체험을 합니다. 미국 아이들이 참가하는 썸머 스쿨에 참가하거나, 야외 캠핑에 참가해서 미국 아이들과 같이 뛰어 놀면서 자연스럽게 영어과 미국 문화를 습득합니다.

날씨는 미국 동부는 우리나라와 거의 비슷합니다. 서부 지역은 여름은 우리나라와 비슷하지만 겨울에는 좀 더 따뜻한 편입니다.

캐나다는 날씨가 정말 좋아요

천혜의 자연 환경을 자랑합니다. 상대적으로 미국보다 저렴한 편이고, 미국식 영어를 배울 수 있습니다. 많은 분들이 안전하다고 생각하는 나라입니다.

캐나다 학교 일정은 미국과 거의 동일합니다. 미국과 마찬가지로, 우리나라 겨울 방학 때는 스쿨링이 가능하고, 여름 방학 때는 썸머 스쿨에 참가합니다.

겨울 방학 때 스쿨링 때에는 주로 공립학교에서 캐나다 아이들과 함께 정규 수업을 듣습니다. 한 반 정원 20~25명에 우리나라 아이들 2~3명이 배정을 받아 함께 공부합니다.

캐나다 여름 방학은 미국과 비슷합니다. 이때는 여름방학이라 캐나다 현지 아이들이 없으니, 영어를 배우고 캐나다 문화 체험을 합니다.

날씨는 지역에 따라 약간 차이가 있는데요, 토론토가 있는 동부 지역은 사계절이 있는데 겨울에 눈이 좀 더 많이 오는 편입니다. 서부 지역에는 밴쿠버, 빅토리아 등의 도시가 있는데, 4계절 온난하고 겨울에 비가 오는 편입니다.

영국식 정통 영어를 배우고 싶어요

영국식 정통 영어를 배울 수 있는 좋은 기회이고, 유럽 투어를 함께 할 수 있어서 인기가 많습니다. 오래된 영국 역사를 느낄 수 있고, 고풍스러운 런던, 옥스퍼드, 캠브리지 등을 탐방할 수 있다는 장점이 있습니다.

영국은 미국, 캐나다와 방학 기간이 비슷하여 동일하게 진행됩니다. 겨울에는 스쿨링을 할 수 있는 장점이 있습니다. 영국 공립학교에서 교복을 입고 영국 아이들과 정규 수업을 공부합니다. 한 반 정원 20~25명 정도에 우리나라 아이들 2~3명이 배정을 받아 함께 공부합니다. 영국 학교 문화를 체험할 수 있는 기회입니다.

영국 여름 캠프는 오전에 영어 공부하고, 오후에 다양한 문화 활동을 하는데요. 프랑스, 독일, 이태리 등 유럽이 가까워서 유럽 아이들이 많이 참가한다는 가장 큰 장점이 있습니다. 실제 영국 캠프 식사 시간에는 프랑스, 독일, 이태리 말들이 아주 자연스럽게 들려서 다양한 외국어 및 외국 문화에 노출이 가능합니다.

호주는 크리스마스가 한 여름에 있답니다

호주의 가장 큰 장점은 영국식 영어를 배울 수 있고, 남반구

에 있어서 우리나라와 계절이 반대라는 것입니다.

계절이 반대인 것처럼 방학 기간도 북반구에 있는 미국, 캐나다, 영국 등과 반대입니다. 우리나라가 한창 겨울을 보내고 있을 1월에 호주는 우리나라의 7월과 같은 한여름입니다. 겨울 옷입고 비행기 타고, 내릴 때에는 반팔을 입어야 하지요. 또한 호주의 1월은 방학 기간이어서 캠프 내에서 영어를 배우고 문화체험을 하다, 정규 수업 기간인 2월이 되면 현지 아이들과 함께 공부합니다.

우리나라 여름에는 호주는 겨울이고 정규 수업 기간입니다. 정규 수업을 할 수 있다는 장점이 있습니다. 호주 공립학교에서 한 반 정원 20~25명에 우리나라 아이들 2~3명이 배정을 받아 함께 공부합니다. 날씨는 겨울이지만 우리나라처럼 눈이 올 정도로 춥지 않고, 대신 비가 옵니다. 낮에는 반팔을 입을 수도 있지만 아침과 저녁은 서늘합니다.

뉴질랜드 아이들은 정말 친절해요

뉴질랜드는 호주와 비슷한 점이 많이 있습니다. 뉴질랜드도 호주와 마찬가지로 남반구에 있어서 우리나라와 계절이 반대입니다. 영국식 영어를 배울 수 있고, 사람들이 친절하다는 장점이 있습니다. 개인적으로 지금까지 캠프 인솔 다녀오면서 가장 친절했던 학교 및 홈스테이 담당자들은 모두 뉴질랜드 분이었습니다.

호주와 마찬가지로 뉴질랜드 방학 기간도 북반구에 있는 미국, 캐나다, 영국 등과 반대입니다. 계절도 우리나라와 반대이지요. 우리나라 겨울인 1월에 뉴질랜드는 한 여름이고 방학 기간입니다. 1월에 영어 배우고 다양한 뉴질랜드 문화 체험을 하고, 2월에는 정규 수업 기간이라 호주 아이들과 함께 공부합니다.

우리나라 여름인 7~8월에 뉴질랜드는 겨울이고 정규 수업 기간입니다. 뉴질랜드 공립학교에서 한 반 정원 20~25명에 우리나라 아이들 2~3명이 배정을 받아 함께 공부합니다. 겨울이지만 눈이 올 정도로 춥지는 않고 비가 오는 편입니다. 아침과 저녁은 서늘한 편이고, 낮에는 25도까지 올라갈 수 있습니다.

필리핀에서 1:1로 영어 공부했어요

필리핀의 가장 큰 장점은 저렴한 비용으로 1:1 수업을 한다는 것입니다. 공부 시간이 많아서 영어 실력이 많이 향상된다는 장점이 있습니다.

1:1 수업, 그룹 수업, 수학 선행 학습, 체육, 일기 쓰기 등을 매일 공부하다보니 영어 실력이 부쩍 향상이 됩니다. 단, 필리핀 영어와 미국식 영어에는 차이가 있고, 필리핀을 환경적으로 미국, 영국 등과 비교하기에는 무리가 있습니다.

집중적으로 영어 공부하기에 좋고, 기숙사 생활로 24시간 케어가 가능하다는 장점이 있습니다.

부모도 같이 가야 하나요?

엄마랑 같이 가지 않아도 괜찮을까요?

"제가 같이 안가도 정말 괜찮을까요?" 어머니께서 조심스럽게 여쭈어 보십니다. 그럼요. 괜찮습니다. 아이들은 출발 시 캠프 전문 인솔 선생님과 함께 출발해서 캠프 기간 내내 함께 있다가 귀국합니다.

캠프에서 가장 중요한 요소 중의 하나가 인솔 선생님입니다. 캠프 기간 내내 선생님은 아이들에게 부모님 역할을 대신합니다. 아이들이 시차 및 음식 적응으로 힘들어할 때 같이 위로해주고, 아이들이 잘못했을 때 엄하게 대하면서 아이들을 돌봅니다.

부모님과 함께 하면 아이들은 심리적으로 안정적이고, 생활이 더 편할 수 있습니다. 하지만 부모님에게 의지하게 되어 아이들이 캠프 기간 동안 혼자 할 수 있다는 자신감과 독립심을 기르기에는 어려움이 있습니다. 캠프 참가의 가장 큰 목적 중의 하나인 자신감과 독립심 향상을 위해서는 혼자 참가하는 것이 더 낫습니다.

인솔 선생님은 어떤 일을 하세요?

그러면 부모님들께서 인솔 선생님은 어느 업무를 하는지 여쭈어 보시는데요. 인솔 선생님은 인천공항에서 출발 후 귀국해서 다시 부모님을 뵐 때까지, 친한 사촌 언니 혹은 오빠, 때로는 엄한 부모님 역할을 동시에 합니다.

인솔 선생님의 업무는 공항에서 만나기 전부터 시작됩니다. 부모님들께서 아이만 혼자 보내기에 마음을 많이 쓰시고, 모든 것이 다 걱정입니다. 인천공항에서 부모님 뵙기 전 인솔 선생님들은 아이들의 이름, 얼굴, 학년, 특이 사항(형제, 자매 아이들 확인, 못 먹는 음식 확인, 부모님께서 따로 요청하신 것이 있는지) 등을 모두 알고 있습니다.

비행기 탑승 후, 인솔 선생님 좌석 번호를 알려주고 몸이 아프거나 혹은 문제가 있으면 곧바로 알려주라고 합니다. 그리고 게이트 앞에 도착 후, 비행기 탑승 전/후 등 부모님께 문자 및 사진을 보내드려서 계속 아이들 생각하실 부모님들의 마음을 조금이라도 편하게 해드립니다.

비행기 안에서 아이들이 아프거나 멀미를 할 수 있기에 비행기 안에서 아이들이 잘 지내는 지 수시로 확인합니다. 잠을 자서 식사를 못 받을 수 있으니 식사 마치고 아이들이 식사를 했는지 확인합니다. 수시로 사진을 찍고 현지에 도착하면 부모님께 사진 올려드립니다.

현지에 도착 후, 매일 매일 학교에 가서 아이들이 잘 잤는지, 식사, 잘 지내고 있는지 등 아이들 상황을 확인하고 부모님께 말씀드립니다. 아이들이 외부 활동에 나갈 때에는 같이 참가해서 아이들이 안전하게 좋은 경험할 수 있도록 합니다. 매일 아이들 모습을 사진과 동영상으로 찍어서 부모님 보시는 사이트에 올려드립니다. 부모님들께서는 아이들의 사진과 동영상을 보면 그 날의 스트레스가 싹 다 풀린다고 하십니다. 부모님들께서 카톡이나 혹은 사이트에 글 남겨주시면 확인 후 친절하게 답변 드립니다.

예전에 한 할머니께서 출국 전 오리엔테이션 때 '아이들 야외활동 시 인원 파악을 수시로 하는지' 질문하신 적이 있었습니다. 2대 독자이고, 딸이 마흔 넘어서 어렵게 낳은 외손자라며 걱정을 하셨습니다. '야외 활동 시 장소 옮길 때마다 아이들 인원 파악은 반드시 해야 하는 거'라고 걱정하지 말라고 말씀드렸습니다.

이렇게 인솔 선생님은 다양한 업무를 하며 우리 아이들을 돌봅니다. 아이들이 있는 곳에는 항상 인솔 선생님 혹은 현지 선생님들이 있으니 걱정하지 않으셔도 됩니다.

우리 아이 혼자 참가하는데 괜찮을까요?

부모님들께서 "다른 아이들은 형제 혹은 친구들끼리 오는데 우리 아이만 혼자 참가하면 어쩌지"라며 말씀하십니다. 걱정하지 않으셔도 됩니다. 거의 80% 정도는 혼자 참가하는 아이들이고, 약 20% 정도만 형제, 남매, 친구끼리 참가합니다.

혼자 참가하지만 아이들은 금방 친구를 만듭니다. 이제 새로운 세계로 가는 동지를 만나서 일까요? 아이들의 친화력은 놀라울 정도입니다. 분명히 인천 공항에서 처음 만났는데, 부모님과 헤어지고 출국 심사를 위해 인솔 선생님 뒤를 따라 줄지어 걸어가면서부터 아이들은 서로 수줍게 몇 마디 나누며 친해지기 시작합니다. 출국 심사 마치고 단체로 인솔자와 함께 게이트 앞으로 가는데요. 게이트 앞에 도착 후 아이들은 벤치에 앉아 비행기 탑승을 기다립니다. 이때부터 아이들은 본격적으로 친해지기 시작합니다. 처음에 간단히 이름, 학년, 학교 정보를 나눈 후 아이들은 "서로 좋아하는 가수, 어제 무엇을 했다, 나는 어느 연예인을 좋아한다" 등 이야기 꽃을 피웁니다.

아이들이 훨씬 더 친해지는 때가 있습니다. 바로 비행기 안에 서입니다. 아이들은 짧게는 4~10시간 이상 비행기를 타면서 가 는데요, 비행기 안에서 아이들은 같이 밥도 먹고, 간식도 나누 어 먹고, 잠도 자고, 영화도 보면서 급속도로 친해집니다. 이렇 게 아이들은 인천공항에서는 혼자였지만, 이제 친한 친구와 함 께 새로운 경험을 시작하게 됩니다.

PART

2

~~

더
알고 싶어요,
해외 영어캠프!

우리 아이에게
어떤 캠프가 가장 맞을까요?

"인터넷에서 많이 찾아보고, 유학 박람회에 찾아가서 상담도 많이 했는데 우리 아이에게 어느 캠프가 맞을지 모르겠어요" 여러 유학원에서 상담 많이 받으셔서 거의 전문가급인 부모님께서 상담 과정 중 고민을 털어놓습니다. 워낙 업체들도 많이 있고, 다양한 국가 및 프로그램이 있다 보니 헷갈리는 것이 당연합니다. 제가 앞서 캠프 참가 최적기는 "아이가 가고 싶을 때"이고, 국가도 "아이가 가고 싶은 곳"이라고 말씀드렸는데요. 우리 아이에게 가장 잘 맞는 캠프 알아보는 3가지 질문에 대해서 말씀드리겠습니다.

우리 아이에게 최적인 캠프 알아보는
3가지 질문

제 아이를 캠프 보낸다면 저는 먼저 "아이가 가고 싶은지"를 먼저 물어볼 것 같습니다. 아이가 스스로 가고 싶다고 하면

80% 이상 성공입니다. 아이가 가고 싶다고 하면 캠프 장단점에 대해서 설명해 주고(엄마 잔소리를 방학 동안 안 들을 것이다. 그것이 반드시 좋은 것만은 아니다.), 가고 싶지 않다고 하면 가볍게 이유를 물어보고 더 이상 이야기하지 않고 아이를 기다릴 것 같습니다(만일 "스마트폰 해야 한다"는 등의 이유라면 말이 달라집니다. 가볍게 이유 물어보고, 캠프 장점 이야기해도 "가기 싫다."라고 이야기하면 거기서 끝냅니다).

다음 질문은 "어느 국가에 가고 싶은지"입니다. "미국에 있는 디즈니랜드에 가고 싶어서, 영국 유럽 투어를 하고 싶어서" 등 특정 국가를 선호하면 그 나라 및 해당 프로그램에 대해서 알려줍니다.

원하는 특정 국가가 없고, 우선 어떤 캠프가 있는지 알고 싶다고 하면 저는 "캠프에서 무엇을 배우고 경험하고 싶은지"를 물어봅니다. 아이가 정규 수업을 하면서 현지 또래 친구들과 공부해 보고 싶다고 합니다. 우리나라 겨울 방학이라면 "미국, 캐나다 스쿨링 캠프", 여름 방학이라면 "뉴질랜드 스쿨링 캠프"를 추천합니다. 겨울 방학에 미국 서부 캘리포니아 지역은 날씨가 낮에는 반팔을 입을 수 있고, 아침, 저녁은 쌀쌀하다고 이야기합니다. 미국 동부는 우리나라와 같은 겨울입니다. 우리나라가 여름 방학일 때 뉴질랜드에 가면 스쿨링 캠프를 할 수 있는데,

발음은 약간 영국식이고, 겨울 날씨라 우리나라 10~11월을 생
각하면 된다고 말합니다. 비가 오면 더 추워지기도 합니다.

만일 아이가 영어를 배우고 문화 체험을 하고 싶다고 하면,
미국, 캐나다, 영국 캠프에 대해서 설명합니다. 미국과 캐나다는
현지 아이들과 함께 하는 Outdoor 캠프가 있는데 여기에 대해
서도 알려줍니다. 영국 캠프는 유럽 아이들이 많이 참가하는 캠
프라고도 설명하지요. 아이에게 국가별 특징 및 기숙사와 홈스
테이의 차이를 같이 알려줍니다.

아이가 영어 실력을 집중적으로 올리고 싶다고 하면 필리핀
캠프를 추천합니다. 단, 24시간 기숙사에서 생활을 하고, 시설
등이 우리나라와 비교했을 때 더 안 좋을 수 있다고 이야기합니

다. 영어 공부는 많이 하고, 필리핀 선생님 발음은 미국 선생님과 차이가 있다고도 안내해줍니다.

아이가 가장 가고 싶은 캠프를 최종적으로 선택하면, 캠프 장단점에 대해 다시 알려줍니다.

"캠프에 참가하면 외국에서 선생님, 또래 아이들과 같이 지내면서 영어도 배우고, 다양한 문화 체험도 많이 해. 우리나라에서 못해본 경험 많이 할 거야. 캠프 기간 동안 엄마, 아빠, 가족 모두 볼 수 없어. 남의 나라, 남의 집에서 있는 것이기에 불편한 점 많이 있을 거야. 불편한 거 이겨내는 것도 세상 공부야. 우리나라, 우리 집이 얼마나 좋은 것인지 알게 되거든. 고생할지 알면서 도전하는 거, 불편한 것을 편하게 만드는 거 모두 내능력이야. 우리 같이 도전해 보자. 할 수 있어."

참여하려면
어느 정도 영어를 해야 하나요?

우리 아이 영어 못하는데 괜찮을까요?

역시 부모님께서 많이 하시는 질문 중 하나입니다. 그러면 저는 "아이가 영어 잘하나 봐요. 지금까지 제 경험으로 봤을 땐 '우리 아이 영어 못해요'라고 말하면 아이가 영어를 잘하고, '우리 아이 영어 잘해요'라고 말하는 경우 그렇게 잘하지 못하는 경우를 봤어요"라고 웃으면서 말씀드립니다.

앞에서도 말씀드린 것처럼 캠프 참가하는 아이들 중 영어 아주 잘하는 아이들 별로 없습니다. 100명 중에 외국에서 살다 온 아이 1~2명 정도 제외하면 거의 다 비슷한 실력입니다. 못하니까 배우러 참가하는 거거든요.

물론 영어 잘하면 좋습니다. 하지만, 자신 없어도 "내가 한번 해보겠다, 최선을 다해보겠다"라는 의지가 더 중요합니다. 용기 있는 사람은 두려움이 없는 사람이 아닌, 두렵지만 행동하는 사람이라는 글을 읽은 적이 있습니다. 새로운 것을 도전할 때 두려워하지 말고, 자신 있게 행동하는 것이 아이들의 장래에 더 도움이 된다고 굳게 믿고 있습니다.

캠프 1~2달 참가해서 아이가 영어를 아주 유창하게 하리라고 기대하시는 부모님들은 거의 안 계십니다. 그냥 외국 아이들과 함께 영어로 대화하면서 자연스럽게 외국 친구도 사귀고 재미있게 놀면서 영어와 친해졌으면 좋겠다고 하시는데요. 그런 면에서 아이의 영어 실력은 그렇게 많이 염려하지 않으셔도 괜찮습니다.

아이들과 캠프 생활하다보면 "선생님, 오늘 숙제가 뭔지 모르겠어요. 대신 여쭤봐 주세요." 혹은 "선생님, 화장실이 어디에요? 대신 말해주세요."라고 말하는 경우가 있습니다. 절대로 아이들에게 대신 말해주지 않습니다. "선생님이 옆에 있을께. 한번 말해봐. 문장 다 말하지 않아도 돼, 아는 단어만 가지고 말해봐. 내가 옆에 있으니 괜찮아"라고 말하고 아이들이 직접 영어로 말하게 하고, 바로 옆에서 지켜봅니다. 그러면 아이는 멋지게 업무를 완수합니다. 100% 승률입니다. 아이가 해내면 제가하는 일은 아이의 용기와 시도에 대한 최고의 보상을 합니다. "정말 잘했다. 바로 그거야. 최고야"라고 격하게 칭찬합니다. 아이는 멋쩍은 듯 웃습니다. 그 이후 아이는 자신감을 가지고 더 이상 인솔 선생님을 찾지 않고 혼자서 척척 합니다.

어찌 보면 인솔 선생님이 옆에서 대신 말해주면, 상황은 더 일찍 끝날 수 있습니다. 하지만 아이가 캠프에 참가한 이유와 의미가 없어집니다. 아이들에게 영어 하나라도 더 쓰고, 자신감 가지고 외국 생활하는 것이 캠프 참가한 큰 의미가 되기에 아이들이 한마디라도 더 하라고 하고, 더 직접 부딪히라고 독려합니다. 그러면 아이들은 기대 이상으로 쑥쑥 성장합니다.

그런 일이 생기면 안 되지만, 외국에서 생활하다보면 아이가 몸이 아프거나 혹은 기타 위급한 상황이 있을 수 있습니다. 이런 경우 아이가 영어로 말할 수 있다고 하면 스스로 하도록 합

니다. 하지만, 그렇지 않은 경우 인솔 선생님이 대신 이야기를 합니다. 이런 예외적인 상황을 제외하고, 아이가 직접 부딪히도록 합니다.

현지 아이들 정규 수업(스쿨링)에 참가할 때 부모님께서 한층 더 마음이 쓰입니다. "우리 아이 영어 못하는데 꿔다놓은 보릿자루가 되면 어쩌지요, 화장실도 못 가면 어쩌지요?" 지금까지 수많은 아이들이 정규 수업하는 모습을 10년 이상 직접 지켜보았습니다.

영어가 능숙하지 않은 한 소심한 아이가 현지 정규 수업에 참가합니다. 정원은 약 20명 정도이고, 우리나라 아이는 총 3명입니다. 우리나라 아이들은 모두 따로 앉아서 앞, 옆, 뒤 모두 외국 아이입니다. 영어로 수업은 진행이 되고, 수업 내용 100%를 알아듣지는 못합니다. 그런데, 아이는 수업을 잘 따라갑니다. 처음 몇일은 쭈뼛쭈뼛하던 것 같았는데, 어느새 수업 시간에 발표하겠다고 손도 들고 있고, 모르는 것은 현지 선생님께 직접 질문하고 있습니다. 알아듣는 영어 조합해서, 눈치껏 그리고 외국 짝꿍의 도움을 받아 아이는 잘 해냅니다.

아이는 부모님이 생각하시는 것보다 훨씬 더 크고, 가능성이 많습니다. 아이에게 잠재된 가능성을 펼칠 수 있도록 지켜봐주시고 기회를 주세요.

캠프 참가하기 전
어떻게 영어 준비를 할까요?

출국 전 아이 영어 실력을 조금이라도 더 높이고 싶은데 어떻게 하면 좋을지 묻는 학부모님도 있습니다. 물론 영어를 못해도 캠프에 참가할 수 있지만, 아무래도 영어 공부를 하고 참가하면 현지 생활에 도움이 됩니다. 영어 실력도 실력이지만, 내가 공부를 하고, 노력했다는 것을 스스로가 아니 자신감이 더 단단해지지요.

아이들이 지금 영어 학원에 다니고 있으면 꾸준히 다니면 좋습니다. 아이 영어 실력에 따라 차이가 있겠지만, 이제 현지에 도착하면 공항에서부터 영어로 이야기를 해야 하니 단어, 실제적으로 사용할 수 있는 문장 등을 공부하면 도움이 많이 됩니다. 예를 든다면, "화장실에 가고 싶어요, 빨래는 어디에 놓아야 하지요? 이거 먹어도 돼요?" 등입니다. 또한, 문법을 공부하면 말을 만들어서 대화할 수 있으니, 문법을 같이 공부하면 도움이 됩니다.

아이가 영어에 대한 스트레스로 "영어 못하는데 나 정말 괜찮을까?"라고 부담감을 느낄 수 있습니다. 아이가 외국에 가는 것이 즐거워서 신나게 준비를 해야지, 너무 과도한 걱정은 독이

될 수 있습니다. 아이에게 과한 스트레스보다는 즐겁게 공부할
수 있도록 격려 많이 해주세요.

캠프 참가 시 가장 큰 준비물은 영어도 아니고, 온갖 것이 다
들어있는 여행 가방도 아닙니다. 가장 중요한 것은 아이의 정신
적, 육체적 건강과 충만한 자신감입니다. 부모님의 칭찬과 격려
는 아이가 건강하고, 자신감에 가지기에 필수 자양분입니다. 아
이에게 따뜻한 눈빛으로 많은 칭찬과 충분한 격려를 해주세요.
아이가 캠프 후 부쩍 성장해서 부모님 앞에 나타날 겁니다.

마법의 3가지 영어 단어

영어에는 3가지 마법의 단어가 있습니다. "Thank you.
Please. Sorry"입니다. 이 단어를 사용하면 안 되는 것도 되게 하
는 신비한 마법이 일어납니다.

미국, 캐나다, 영국, 호주, 뉴질랜드 등에 가면 사람들이 무슨
말을 할 때마다 "Thank you. Please. Sorry"를 합니다. 제가 보기
에 그렇게 고마운 것 같지 않은데도 "Thank you"를 하고, 별 일
아닌데도 "Please. Sorry"를 합니다.

예전에 어느 책에서 "감사합니다"라는 말을 자주 사용하라
는 것을 읽은 적이 있는데요. 이 나라들이 선진국인 이유 중의

하나가 "Thank you"를 많이 해서 아닌가라고 생각한 적이 있습니다.

출국 전 캠프 오리엔테이션 할 때 반드시 외국 선생님, 홈스테이, 친구들에게 이 마법의 단어를 입에 붙도록 자주 사용하라고 이야기합니다. 우리 아이들이 예의도 바르고 다 괜찮은데, "Thank you. Please. Sorry"를 사용하지 않다보니 자칫 오해를 받을 수 있습니다.

홈스테이 엄마가 정성스럽게 도시락을 준비했는데 "Thank you" 한마디 없이 가져가거나, "Go to your room"이라고 "Please" 없이 홈스테이의 어린 동생에게 말하는 등 무례하게 보일 수 있는 실수를 하는 경우가 종종 있습니다. "Sorry"가 없으면 외국 분들은 오해할 수 있습니다. 실제 홈스테이 부모님이 아이가 "Thank you"를 전혀 하지 않는데, 혹시 우리 가정 및 가족에 서운한 것이 있는 것이 아닌지 걱정스럽게 물어온 적이 있었습니다.

동방예의지국에서 온 우리 아이들이 자칫 잘못하면 오해를 받을 수 있으니 우리 아이들은 이 3가지 마법의 단어 "Thank you. Please. Sorry"를 수시로 사용해주면 좋겠습니다.

현지 학교는
어떤 기준으로 선택하나요?

스쿨링

"이 학교 어떻게 정하셨어요? 예전에 진행한 적이 있나요?"
부모님께서 항상 하시는 질문입니다.

스쿨링 학교는 최우선적으로 안전한 지역 및 좋은 학군에서
선정합니다. 안전하고 좋은 학군 내에서 평판이 좋은 학교 위주
로 학교 규모, 시설, 외국 학생들 유치 경험, 현지 선생님 및 학
생들 성향, 선생님과 학생 비율, 학교 주변 환경, 홈스테이 배정
여부, 홈스테이 만족도 등을 확인합니다.

어느 정도 선정된 학교 중에서 외국 학생들을 우리나라 방학
기간인 1~2월, 7~8월 기간에 받는지 문의합니다. 한 반 정원,
외국 학생 비율, 우리나라 학생 외에 다른 외국 학생들은 없는지
등을 점검합니다. 또한, 가장 중요한 것 중 하나인 학교에서 보

유하고 있는 홈스테이 가정 수, 피드백, 위치 등을 확인합니다.

학교 담당자가 얼마나 적극적인가 및 현지 선생님 및 학생들이 우리나라 아이들에게 얼마나 우호적인가 등도 학교 선정 시 고려하는 중요한 요소입니다.

학교 교복 착용, 교과서 배부, 매점, 현지 아이들과 교류, 쉬는 시간을 어떻게 보내는지, 학교 주변 상황, 캠프 기간 동안 현지 학교 축제 여부, 양호실 등 아이들이 캠프 기간 동안 안전하게 최대한 많은 경험을 할 수 있는지 확인하고 최종 선정합니다.

어학연수

"이 학원은 어떤가요? 경험이 많이 있나요?" 학부모님들이 많이 물어보는 말입니다.

저희는 학원 선정 시 규모가 어느 정도 있고, 안전하고, 캠프 경험이 오래된 학원들 위주로 합니다. 시스템이 잘 되어있고, 안정적으로 진행하는 곳으로 선정합니다. 학교가 위치한 도시, 학교 시설, 학교 주변 환경, 숙박, 한 반 인원 수, 오후 및 주말에 다채로운 활동 여부, 외국에서 얼마나 다양한 학생들이 많이 오는가를 확인합니다.

오후 및 주말 액티비티는 아이들이 다양하게 경험할 수 있도록 합니다. 내부에서 활동하기보다는 외부로 나가서 배운 영어로 사용하고, 큰 세상을 보고 느끼도록 다채로운 활동이 많도록 합니다. 유럽 아이들은 오후 수업을 선호하는 경우가 있는데, 우리나라 아이들은 오전 수업을 더 선호하여 오전 수업으로 진행되는 학원으로 합니다.

영어를 외국 아이들과 자연스럽게 배우는 프로그램이어서, 한 국가 아이들과 공부하는 것보다는 일본 10%, 독일 20%, 프랑스 10% 이런 식으로 다양한 국적의 아이들과 공부하는 것이 더 좋습니다.

숙소는 어디가 좋을까요?

기숙사가 좋아요?

아니면 홈스테이가 좋아요?

"저는 홈스테이가 좋은 것 같은데, 아이는 기숙사에서 있고 싶대요. 어디가 더 좋아요?" 부모님들께서 고민이 되는 표정으로 여쭈어보십니다.

캠프 만족도를 좌우하는 가장 큰 요소 중의 하나가 아이들 숙박입니다. 같은 캠프 참가 후, 숙박 만족도에 따라서 전반적인 캠프 만족도는 전혀 달라집니다. 부모님 역시 캠프 보내고 이것저것 마음 쓰이는 것이 많이 있지만, 우리 아이 숙박이 가장 크게 신경 쓰입니다. 그러시는 것이 당연합니다. 영어 공부도 공부이지만 캠프 1~2달 다녀왔다고 아이가 미국인이 되는 것이 아닙니다. 미국인이 된다하더라도, 먹고 자는 것이 편해야지 그 다음에 영어 공부도 있고, 문화 체험도 있거든요.

기숙사와 홈스테이 모두 장단점이 있는데요. 기숙사는 좀 더 생활하기 자유롭지만 현지 문화를 체험하기에는 다소 부족할 수 있습니다. 홈스테이는 외국인 가정에서 지내기에 현지 문화는 잘 체험할 수 있는데, 행동하는 데 약간의 불편함이 있을 수 있습니다. 좀 더 자세하게 말씀드려보겠습니다.

기숙사에서 먹는 저녁 식사가 제일 맛있어요

기숙사의 가장 큰 특징은 단체 생활을 한다는 점입니다. 24시간 기숙사 사감 선생님의 케어를 받으며, 또래 친구들과 같이 생활합니다.

아이들의 기숙사 생활을 다음과 같습니다. 기숙사에 도착하면 기상 및 취침 시간, 식사 시간, 집결 장소, 식당, 세탁실, 체육시설, 지켜야할 규칙 등에 대해서 첫 날 오리엔테이션을 받습니다. 아이들은 1~4인실에 배정이 되고, 기숙사 사감 선생님의 케어를 받으며 지내게 됩니다.

아이들은 정해진 시간에 같이 식사하고, 수업 듣고, 식사 후 야외 활동을 함께 합니다. 빨래는 정해진 곳에 두면 세탁 후 전달하는 경우도 있고, 아이가 세탁실에서 직접 하거나 선생님과 같이 하기도 합니다. 영국 캠프는 여름 방학 때 전 유럽에서 온 아이들과 같이 진행됩니다. 프랑스, 독일, 이태리 등 다양한 국가에서 온 또래 친구들과 같이 밥 먹고, 저녁 식사 후 같이 팝송 부르면서 노는 경험은 잊지 못할 추억이 됩니다.

부모님 중 기숙사를 선호하시는 경우가 있습니다. 아이가 소심한 편이라 밥을 더 먹고 싶다는 말을 못할까봐, 아이가 어려서 24시간 관리자와 같이 있기를 원하기는 경우, 홈스테이가 안전하다고 하지만 그래도 걱정이 되시는 분들입니다.

기숙사가 지내기 편하고, 항상 친구들과 함께 하기에 홈스테이보다 향수병에 걸리는 경우가 거의 적은 편입니다. 그런데 현지 문화를 익히기에는 다소 어려움이 있습니다.

우리 홈스테이 엄마 정말 친절해요!

홈스테이는 현지인 가정에서 지내면서, 자연스럽게 영어와 현지 문화를 배웁니다. 아이들은 홈스테이 가족과 함께 등하교를 하고, 같이 식사를 하고, 하교 후 생활을 함께 합니다. 홈스테이는 영어와 현지 문화를 자연스럽게 배울 수 있다는 최고의 장점이 있습니다. 아이들은 귀국 후, 홈스테이 가정에서 아침마다 먹던 시리얼, 우유가 생각나기도 하고 홈스테이 가족과 같이 놀러갔던 것들이 기억나기도 합니다.

아이들이 인천공항으로 떠나는 현지 공항에서 "벌써부터 홈스테이 엄마가 보고 싶다."라고 말하는 중3 남학생도 있었고, 마지막 날 배웅하는 홈스테이 엄마에게 안겨서 우는 초5 여학생도 있었습니다. 홈스테이가 좋아서 2년 연속 그 가정으로 간 중2 여학생도 있었답니다.

일반적으로 홈스테이 가정을 상상하면, 백인 엄마, 아빠, 꼬마가 상상이 되는데요. 엄마, 아빠, 아이들로 구성된 가정도 있고, 싱글맘, 노부부, 젊은 부부, 국제 결혼 부부 등 다양합니다. 홈스테이 가정이 다양한 만큼 아이들의 만족도도 각각 다른데요. 3년 연속 만족도 최상위 나왔던 가정이어서 자신 있게 소개를 하였는데, 그 아이의 홈스테이 만족도가 높지 않았던 경험도 있습니다. 사람과 사람이다 보니 주관적인 만족도에서 차이가 있는데요.

홈스테이 만족도는 아이의 성향에서 차이가 나기도 합니다. 출국 전 오리엔테이션 때 항상 2가지를 당부합니다. "자신 있게 하지만 예의바르게 행동하고, 원하는 것을 말해달라"입니다.

아이가 많이 적극적이고 활발한 경우가 있습니다. 적극적이고 활발한 아이들은 영어도 많이 배우고, 잘 지내는데요. 너무 활발한 경우 문제가 생기기도 합니다. 책상에 올라가지 말라고 하였는데 자꾸 올라가거나 혹은 친구와 장난치다가 식탁 의자를 부수는 경우가 있었는데요. 적응하고 잘 지내는 것은 좋지만, 예의바르게 행동을 해야 합니다.

불편 사항이 있으면 속으로만 생각하지 말고 반드시 말해달라는 것입니다. 방이 추운데 춥다고 말을 하지 않고 계속 참는 경우도 있었고, 더 먹고 싶은데 먹고 싶다는 말을 못하는 경우도 있었습니다. 현지에서 인솔자 선생님이 물어봐도 모두 좋다고 하다가 귀국 후 불편 사항을 말하는 경우가 있는데요. 저희가 가장 안타까운 경우 중의 하나입니다. 귀국 후에 말을 하면 저희가 도와줄 수 있는 방법이 없게 됩니다.

우리나라 문화에서 아이가 원하는 것을 어른에게 말을 한다는 것이 쉽지는 않습니다. 하지만, 어릴 때부터 내가 원하는 것을 예의바르게 말하는 것은 아이에게 도움이 됩니다. 비록 다소 어렵게 느껴질 수 있지만, 불편한 것 혹은 원하는 것이 있으면 예의바르게 말씀드리도록 합니다.

홈스테이에 하고 싶은 말이 있을 때 가장 좋은 것은 직접 예의바르게 말씀드리는 것이 좋습니다. 다소 어렵게 느껴지면 항상 함께 있는 인솔자 선생님께 말씀드리고, 둘 다 어려우면 우리나라에 계신 부모님께 말씀드리는 경우도 있는데요. 저희는 우리나라 부모님께 말씀드리면 시차 때문에 시간이 오래 걸려서 그다지 추천해 드리지는 않습니다. 하지만 말을 안 하는 것보다는 더 나아서, 이렇게라도 불편한 것은 저희에게 알려주도록 부탁을 드립니다.

홈스테이 가정은
어떤 기준으로 선택하나요?

선생님, 정말 홈스테이 안전한가요?

"제 아이가 초등학교 5학년인데 아이가 가고 싶다고 해서 알아보는 중이에요. 그런데, 정말 홈스테이 안전한가요?" 홈스테이 관련해서 워낙 여러 일들이 있다 보니 걱정을 하시며 말씀하십니다. 여학생 캠프 보내시는 분들은 거의 90% 이상 하시는 질문입니다.

대부분 부모님, 특히 딸을 보내려고 하시는 부모님께서 공감하시는 질문이라고 생각됩니다. 우선 학교별로 차이가 있지만 우선 일반적인 절차에 대해서 말씀드립니다.

1) 홈스테이 모집 공고 및 추천 가정 접수

학교에서 홈스테이 공고를 냅니다. 정규 수업(스쿨링)의 경우 캠프 주관사는 현지 학교입니다. 학교 재학생, 학교 선생님 혹은 학교 주변에 계신 분들이 홈스테이를 많이 신청하십니다. 기본적인 가족 구성원, 홈스테이 경험 여부, 학교와의 거리 등 확인하고, 방문 전 정보를 세심하고 확인 후 인터뷰 일정을 잡습니다.

2) 홈스테이 1차 방문

홈스테이 서류 절차에 통과한 가정들을 인터뷰 일정을 잡고, 현지 학교 직원이 직접 방문을 합니다. 가족의 분위기, 아이들이 사용할 방, 화장실, 거실 등을 확인합니다.

3) 경찰청 신원 조회

아이들에게 가장 중요한 것은 안전입니다. 학교에서는 홈스테이로 선정된 가정에 대해 경찰청 신원 조회를 요청합니다. 아주 세심하게 범죄 혹은 기타 문제가 없는 지를 모두 확인합니다.

4) 홈스테이 2차 방문

학교 홈스테이 담당자가 직접 2차 방문을 합니다. 아이들이 생활하기에 적합한지 심층 인터뷰하고, 문화적 차이에 대한 이해도와 어린아이들의 특성을 이해하고 도움을 줄 수 있는 지에 대해서 집중적인 상담 및 인터뷰를 합니다.

5) 홈스테이 배정

위의 모든 과정을 확인 후 교장 선생님이 최종적으로 홈스테이를 배정합니다. 아이들들의 건강 상 특이 사항을 우선 고려하여 진행이 되고, 가장 적합한 가정으로 배정됩니다. 배정 후 부모님께 배정된 홈스테이 가정 프로필(가족 사항, 주소, 핸드폰, 메일 주소 등)을 전달 드립니다.

홈스테이에서 지켜야 할 마음가짐

홈스테이에서 지낼 때 영어도 많이 배우고 현지 문화도 적극적으로 체험하겠다는 마음가짐이 가장 중요합니다. 홈스테이를 운영하는 가정에서도 아이를 손님으로 대접하려고 하기 보다는, 가족의 일원이라고 생각을 합니다.

우리나라에서는 아이들이 집에서 아무것도 안하는 경우가 많은데, 미국에서는 꼬마 아이들도 수저를 놓거나, 자기가 먹은 것은 싱크대에 올려놓습니다. 본인 방도 깨끗하게 정리합니다. 이는 우리 아이들이 홈스테이에서 지내면서 받는 문화 충격 중의 하나입니다.

캐나다 홈스테이에서 있었던 일입니다. 홈스테이로 머무는 아이가 어느 날 아침에 학교에 가지 않겠다고 울음을 터뜨렸었지요. 그 때 평소에는 한없이 자상하던 홈스테이 아빠가 화를 내면서 크게 나무라는 것을 보았습니다. 그 이야기를 캐나다 이민 20년 되신 분께 말씀을 드렸더니, "캐나다에서 가정교육은 군대에요"라고 말씀하셨습니다.

미국과 캐나다 등에서는 아이를 때릴 수 없고, 아이를 때리면 아동학대로 경찰에 신고할 수 있습니다. 아이를 때리지는 않지만, 아이가 잘못을 했을 때는 엄하게 훈육을 합니다. 아이가 부모님을 무서워하는 경우가 많습니다.

이처럼 미국, 캐나다 등의 나라는 집안 분위기가 마냥 자유로울 것 같지만 실제로 들여다보면 엄격합니다. 특히 예의범절에 대해서는 엄하게 합니다. 그러니 홈스테이를 선택했다면 이러한 문화까지 고려하고, 현지 문화를 더 깊숙이 배운다는 마음가짐으로 임하는 것이 좋겠습니다.

현지 지도 교사나 인솔자가 있나요?

"현지에도 아이들 돌봐주시는 선생님이 계세요?" 부모님께서 많이 하시는 질문입니다.

우리 아이들은 우리나라에서 출발 시 인솔 선생님과 같이 출발하고, 도착하면 학교 선생님, 홈스테이 담당 선생님, 기숙사 사감 선생님, 액티비티 가이드, 현지 코디네이터 등 많은 분들이 계십니다. 모두 각자 영역에서 우리 아이들이 안전하고 즐겁게 캠프 생활하도록 도와주시는 고마운 분들입니다.

인솔 선생님

인솔 선생님은 아이들과 같이 인천 공항에서 함께 출발해서 계속 같이 지내다 귀국합니다. 앞에서 말씀드린 것처럼 아이들의 캠프 만족도를 좌우하는 가장 중요한 요소 중의 하나입니다. 동일한 환경인데 인솔자에 따라 만족도가 전혀 달라지는 경우

내 아이의 첫 번째 해외 영어캠프

가 꽤 있습니다. 때로는 엄한 부모님, 때로는 친한 사촌 언니, 형처럼 아이들을 돌봅니다. 아이들이 아프거나 혹은 문제가 생기면 도와줍니다. 현지에서 아이에게 일어난 일들을 부모님께 연락드리고, 부모님들께서 궁금하신 점 등을 친절하게 알려드립니다.

학교 선생님

캠프에 참가하면 아이들은 정규 수업(스쿨링) 혹은 일반 영어 수업(ESL)을 현지 선생님께 배웁니다.

정규 수업(스쿨링) 시, 외국 초등학교는 담임 선생님이 계셔서 우리나라처럼 담임 선생님께 전 과목을 배우고(체육 등 몇 과목 제외), 중학교 이상부터는 이동 수업을 해서 선생님이 계신 교실로 이동합니다. 일반 영어 수업(ESL) 시, "듣기, 말하기, 쓰기, 독해" 등 여러 영역에서 각자 다른 선생님에게서 배우며 다양한 발음, 수업 방식 등을 익힙니다.

홈스테이 담당 선생님 / 기숙사 사감 선생님

홈스테이 담당자는 우리 아이들의 홈스테이를 관리하는 분입니다. 홈스테이 배정, 우리 아이들 도착 전 오리엔테이션, 아이들이 홈스테이에 잘 적응할 수 있도록 도와주는 역할을 합니다. 종종 아이들과 홈스테이 사이에서 문화 차이로 오해가 생기는 경우가 있습니다. 이런 경우 홈스테이 담당자는 우리 인솔 선생님께 전달해서 아이가 잘 이해할 수 있도록 설명을 하고, 홈스테이 가족들에게 직접 설명을 합니다.

기숙사 사감 선생님은 기숙사를 관리하는 분입니다. 아이들은 기숙사에 도착 후, 기상, 식사, 취침 시간, 주의 사항에 대해서 오리엔테이션을 받습니다. 기숙사는 단체 생활을 해서 엄격한 규칙이 필요한데요. 규칙을 지키게 하고, 아이들이 안전하고 좋은 경험을 할 수 있도록 도와주시는 분입니다.

액티비티 가이드(Activity Guide)

아이들이 야외 활동 시 같이 참가하는 선생님입니다. 주로 젊은 선생님들이 많이 하시는 편이어서, 아이들이 장난도 편하게 치고 잘 따릅니다. 항상 그렇지만 외부 활동 시 안전이 특히 더 중요합니다. 외부 활동 시 인원 점검, 재미있는 롤러코스터 타기 등을 하며 아이들이 안전하게 좋은 경험을 할 수 있도록 합니다.

현지 친구들과도 사귈 수 있나요?

현지 친구도 사귈 수 있나요?

우리 아이가 현지 아이들과 같이 수업을 듣고 싶다고 하는데 어떨지 모르겠어요. 친구도 사귈 수 있나요?

네! 그럼요. 가능합니다. 어학연수는 영어를 배우는 프로그램이라 외국에서 영어를 배우러 온 아이들과 같이 영어를 배우지만, 스쿨링은 현지 아이들과 동등하게 공부를 해서 충분히 가능합니다.

아이들이 스쿨링 캠프에 참가하는 목적이기도 한데요. 아이들은 스쿨링 프로그램에 참가하면 현지 아이들 20~25명 정도 참가한 반에 우리 아이들 2~3명 정도 들어가서 함께 공부를 하니 자연스럽게 현지 아이들에게 노출이 됩니다. 게다가 우리 아이들끼리 앉아있는 것이 아닌 외국 아이들과 함께 앉아서 공부합니다.

 아이들은 현지 아이들에게 체육관이 어디에 있는지, 다음 교실은 어디로 이동해야하는 지 등에 대해서 도움을 받습니다. 현지 아이들은 우리 아이들을 도와주면서 다른 문화를 경험하고 이해합니다. 그리고 같이 살아가는 법을 배웁니다.

 아이들은 처음 1주일 정도는 적응하는 데 시간이 걸리지만, 어느 정도 시간이 지나면 아주 친해집니다. 우리 아이들이 현지 아이들과 자연스럽게 이야기하고, 장난치고 노는 모습을 보면 참 흐뭇합니다.

 전에 저희 미국 LA 캠프에서 도착 다음 날 전일 외부 일정을 한 적이 있습니다. 그 때 우리 아이는 중3이었고 동갑인 홈스테이 아들도 같이 왔었는데요. 첫 날이라 서먹할 줄 알았는데, 하루 만에 함께 웃고 떠드는 모습이 참 보기 좋았습니다. 우리 아이들의 적극성과 미국 아이의 친절함이 만나서 최고의 결과가 일어났습니다.

 부모님들께서는 우리 아이 영어 못한다고 걱정을 많이 하시는데요. 사람을 사귀는데는 언어도 중요하지만 하겠다는 의지, 한번 해보자는 시도, 끝까지 하는 노력 그리고 약간의 배짱이 더 중요하다는 것을 아이들은 몸소 체험을 합니다.

우리 아이들은 캠프 기간 동안 현지 아이들과 깊은 우정을 나누는데요. 같이 수업을 듣고, 교실을 이동을 하고, 함께 체육 수업도 하면서 재미있게 보냅니다. 아쉬운 이별이 왔을 때 우리 아이들은 간단한 선물을 현지 아이들에게 전하며 마음을 전하기도 합니다. 우리나라 인스턴트 김, 빈츠, 마이쮸, 애니타임 캔디, 간단한 문구용품 등을 가져가기도 하고, BTS 사진을 선물로 주는 경우도 있습니다.

귀국 전 서로 사진을 찍으며 "내년에 다시 올테니 잊지 말아줘."라는 당부도 합니다. 서로 페이스 북과 인스타그램을 알려주면서 계속 연락하자고 하며 아쉬움에 울기도 합니다.

사람 사는 것은 다 똑같은 것 같아요

캠프 후 귀국할 무렵 유난히 미국 친구가 많았던 중학교 3학년 아이에게 비결을 조용히 물어본 적이 있었습니다. 그 아이가 "사람 사는 것은 다 똑같은 것 같아요"라며 말을 시작했습니다. 아이는 "미국 친구를 사귀고 싶어서 먹을 거 같이 나누어 먹었고, 미국 친구가 기분이 울적한 것 같아서 재미있는 이야기해줬어요. 그랬더니 그 친구가 다른 미국 친구 아이 소개해줘서 덕분에 친구가 많아졌어요."라고 본인의 비결을 털어놓았습니다.

이것은 저도 지난 20년 동안 캠프를 하면서 가장 크게 느낀 것 중의 하나입니다. 처음 외국에 나가면 사람, 공기, 길, 집, 지폐, 음식 등 모든 것이 다 다릅니다. 그런데, 외국을 다니면 다닐수록 사람 사는 것은 다 똑같다는 생각을 합니다. 나라마다 약간의 문화 차이가 있을 수는 있지만, "내가 좋으면 저 사람도 좋고, 내가 싫은 것은 저 사람도 싫다. 내가 저 사람과 친해지고 싶으면 내가 먼저 마음을 열고 다가가야 한다."라는 평범한 진리를 다시 한번 깨닫게 됩니다. 저는 20년 지나서 알게 된 이 진리를 벌써 깨우친 아이들이 참 대견하게만 느껴집니다.

수업 외 시간에는 뭘 하나요?

방과 후 생활도 알차게

평일 수업을 마치고 방과 후 시간은 홈스테이와 기숙사 아이들 별로 약간 차이가 있습니다. 방과 후 시간에 대해서 말씀드리기 전 먼저 아이들과 일과는 다음과 같습니다.

먼저 아침 일찍 일어서 씻고 아침 식사를 합니다. 홈스테이 아이들은 홈스테이 차로 학교로 이동을 합니다. 기숙사 아이들은 단체로 식사를 하고 시간에 맞춰서 집결 장소에 모인 후 함께 교실로 이동합니다. 열심히 공부를 한 후 수업을 마친 후 홈스테이와 기숙사 아이들이 차이가 있는데요. 홈스테이 아이들은 홈스테이 가족과 함께 집으로 돌아가고, 기숙사 아이들은 집결 장소에 모인 후 각자 기숙사로 들어갑니다.

평일에 홈스테이 아이들은 홈스테이 가족과 함께 보냅니다. 집에서 쉬기도 하고, 가까운 마트에 가기도 합니다. 홈스테이 아이들과 같이 노는 경우도 있고, 홈스테이 친척이 파티를 하면 초대받아 함께 가기도 합니다. 저녁 식사 시 옆에서 도와드리기도 하고, 운동을 하거나 TV를 보면서 지냅니다. 아이들이 종종 방에 들어가서 안 나오려고 하는 경우가 있습니다. 절대 아이 혼자 방안에 있으면 안되고, 반드시 밖에 나와서 거실에서 TV라도 보면서 영어 공부하도록 합니다.

기숙사 아이들은 수업 마친 후 각자 기숙사 방에서 쉽니다. 쉬다가 저녁 식사 시간이 되면 모두 같이 식사를 하는데요. 식사를 마치고, 학교에서 전 국가 아이들이 함께 하는 저녁 활동이 있습니다. 예를 들어, 같이 축구를 하거나, 노래 대회, 단체 쇼핑 등이 있는데요. 기숙사 아이들은 모든 활동을 같이 참가하고, 공지 사항을 들은 후 선생님 및 전체 모두 기숙사 방으로 들어갑니다(안전 상 아이들은 모두 기숙사에서 쉬는 시간과 취침 시간 제외하고 항상 선생님과 함께 해야 합니다).

유유자적 주말 일정

주말에 단체 외부 일정이 있는 경우 같이 참가합니다. 그런데, 일정이 없는 일요일도 있습니다.

홈스테이 아이들은 홈스테이 가족들과 함께 보내는데요. 이때도 평일과 거의 비슷합니다. 오전에는 교회를 가는 경우가 많이 있고, 교회 다녀온 후 집에서 쉬거나 근처 쇼핑몰에서 쇼핑을 합니다. 혹은 여름인 경우 수영을 하거나 영화관 등을 가기도 합니다. 아이들은 미성년자라 집 밖을 혼자 다닐 수 없고, 반드시 어른과 함께 합니다.

기숙사 아이들도 평일 방과 후 시간과 비슷합니다. 아이들은 오전까지는 아침 식사를 한 후 늦잠을 자거나 혹은 쉬기도 합니다. 점심 식사 후에 다른 국가 아이들과 같이 운동을 하거나 학교 일정에 참가합니다. 아이들은 안전 상 혼자 기숙사 방에 있을 수는 없고 항상 선생님과 함께 합니다.

또 하나의 이야기
"이제 저녁 9시인데 벌써 자요?"

아이들이 받는 문화 충격 중의 하나가 있습니다. 저녁 9시면 잠을 자야 하고, 아침 6시에 일어난다는 점입니다. 요즘 초등학생도 새벽 1시에 잔다고 하던데요, 미국, 캐나다, 영국, 호주, 뉴질랜드 등 모두 일찍 자고 일찍 일어납니다. 처음에는 우리 아이들이 잠이 안 온다고 하는데요, 시간이 지나면 아이들도 일찍 잠에 듭니다.

미국, 캐나다, 영국 등은 시차가 있어서 낮과 밤이 바뀌게 됩니다. 아이들이 처음 도착 후 1주일까지는 새벽 2~3시에 눈이 떠지는 경우가 많습니다. 그래서인지 첫 1주일에는 아이들이 늦잠을 자는 경우가 거의 없습니다. 그런데, 이제 아이들이 시작 적응도 마치고, 어느 정도 적응이 되면 아이들이 늦잠을 자는 경우가 생깁니다. 아이들이 늦잠을 잤다고 하며, "아 이제 아이들이 어느 정도 적응이 되었구나"라고 생각을 합니다.

아이가 좀 예민한데 괜찮을까요?

우리 아이는 못 먹는 음식이 많아요.

"아이가 좀 예민한 편인데 괜찮을까요?" 어머니께서 걱정 어린 표정으로 물으십니다. 그러면 저는 "어떤 부분이 어떻게 예민한지"를 자세히 묻곤 합니다.

요즘에 아이들이 아토피가 있는 경우도 많고, 못 먹는 음식도 있고, 정신적으로 예민한 경우도 있습니다.

아토피가 심하지 않는 경우, 오히려 공기 맑고, 물 좋은 곳으로 가면 아토피가 더 나아지는 경우가 있습니다. 이런 경우, 약을 챙겨주십사 말씀 드리고, 만일 심해지면 어떻게 해야 하는지 상세히 물어봅니다.

아이가 못 먹는 음식이 있는 경우, 싫어서 안 먹는 것인지 혹은 음식을 먹고 몸에 반응이 있는지를 확인합니다. 싫어해서 안 먹거나 혹은 반응이 심하지 않는 경우는 홈스테이에게 전달을 합니다. 하지만, 아이가 음식을 먹고 몸에 반응이 심하게 오는 경우는 그 아이의 안전을 위해서 캠프 참가를 유보해 주십사 말씀을 드립니다.

우리 아들 정말 까칠해요.

어머니께 캠프에 참가할 중2 남학생이 어떤지 여쭈어보자 "우리 아들 중학생되더니 까칠해졌어요"라고 웃으면서 말씀하십니다.

아이들이 사춘기에 접어들게 되면 아무래도 말이 없어지고, 약간 까칠하게 변하기도 합니다. 그런데 집에서의 모습과 아이들이 밖에서 친구들, 선생님과의 모습에서는 달라지기도 합니다. 사춘기에 접어들면서 아이들이 다소 변하기는 하지만, 대부분 친구들과 선생님과 같이 잘 지냅니다. 지내다가 문제가 있거나 하는 경우 인솔자 선생님과 1:1 상담을 해서 해결해 나갑니다.

우리 딸이 환경에 예민한데
홈스테이 시설은 어떤가요?

초등학교 6학년 여학생이 캠프에 참가 신청을 했습니다. 아이가 예민한 편이라 어머니께서 걱정이 많으셨습니다. 홈스테이 방, 화장실, 욕실에 대해서 세심하게 질문하셨습니다.

앞서 '홈스테이 가정은 어떤 기준으로 선택하나요?(76쪽)'에서 홈스테이 선정 기준을 말씀드렸습니다. 홈스테이 방은 1인실 혹은 2인실로 배정이 되고, 화장실 및 욕실은 아이만 사용하도록 하거나 혹은 다른 가족과 같이 사용할 수 있습니다. 아이가 따로 원하는 것이 있으면 등록 시 가능 여부를 확인해 주시는 것이 좋습니다.

그런데, 홈스테이는 사람과 사람이다 보니 주관적인 것들이 많이 작용하는 부분이 있습니다. 나도 내 집이 100% 마음에 들지 않는데, 남의 집이 내 마음에 100% 들기란 어렵거든요. 어느 부분은 받아들이고, 나도 적응하기 위해 노력하는 것이 필요합니다.

우리 아이는 햄버거 안 먹는데
미국 생활 괜찮을까요?

"우리 아이는 한식을 좋아하고, 햄버거, 피자를 안 먹어요. 미국 가고 싶다고 하는데 어쩔지 모르겠어요." 중1 남학생 미국 캠프 신청하시면서 걱정 어린 눈빛으로 말씀하십니다. 상담하다 보면 종종 "우리 아이 한식만 먹고, 햄버거와 피자 안 먹어요"라고 말씀하시는 경우가 있습니다.

이 남학생이 처음 미국에 도착해서 고군분투하기는 했습니다. 처음 도착 당일 학교에서 환영 파티를 하며 피자, 음료수 등을 준비해 주시는데요, 10시간 비행기 타고, 다시 버스 타고 이동을 해서 배가 고플 것 같은데 물만 마시더라구요. 배고프니 한번만 먹어보라고 하니 "괜찮아요"라고 하면서 아이는 웃음을 지어보였습니다.

그런데 약 1주일 정도가 지나니 이 아이도 변했습니다. 활발한 편이라 처음 도착하자마자 많은 미국 아이들과 수월하게 친구가 되었는데요, 미국친구들과 어울려 농구 게임을 하고 같이 웃고 떠들며 점심 식사를 하면서 서서히 일어난 변화입니다. 미국 아이들은 점심 식사로 빵과 피자를 먹는데, 언제부터인가 같이 피자를 먹고 있는 게 아닌가요?! 미국 아이들과 어울려 피자 먹는 것을 보면서 "잘 먹네~"라고 말하니 "맛있어요"라고 말하며 웃었습니다.

우리나라에서 햄버거와 피자 잘 먹던 아이들도 외국에 도착하면, 우리나라에서 먹던 햄버거와 피자와 맛이 달라 못 먹는 경우도 있습니다. 그런데, 약 1주일 정도 지나면 아이들이 적응을 해서 거의 다 잘 먹습니다.

아이가 아프면 어쩌지요?

현지에서 병원에 갈 수 있나요?

캠프 생활하는 1~2달 동안 아이들이 감기에 걸리거나 혹은 아플 수 있습니다. 출국 전 인솔 선생님이 상비약을 준비합니다. 간단한 경우라면 우리나라에서 가져간 약을 주고, 부모님께 말씀드립니다. 하지만 아이들 각자에게 더 맞는 약이 있기도 하고, 홈스테이에 있을 때 갑자기 아팠는데 우리나라 약이 없을 수 있으니(대부분 현지 약을 먹습니다) 별도로 가져오는 것을 더 추천 드립니다.

많이 아프거나 혹은 심하지 않지만 2일 이상 계속 아프면 아이는 인솔 선생님과 함께 즉시 현지 병원으로 갑니다. 아이들에게 되도록 영어를 쓰게 하지만, 아이가 직접 영어로 말하겠다고 하는 경우를 제외하고 인솔 선생님이 대신 이야기합니다.

아이들은 출국 전 해외여행자보험에 가입하는데요. 아이들은 감기 혹은 기타 현지에서 아플 때(발이 삐거나 등) 보험으로 처리됩니다. 하지만, 기왕증이라고 원래부터 아픈 경우는 해외여행자보험으로 되지 않습니다. 예를 들어, 이런 일이 생기면 안 되지만 치아가 부러지면 보험 처리가 됩니다. 충치는 출국 전부터 이미 아팠다고 보험 처리해 주지 않는 경우가 있습니다(업체별로 상이하니 꼭 확인해 주세요).

미국에서 병원에 가면 최소한 $100~150(약 12~18만 원) 이상 비용이 발생합니다. 아이 용돈 혹은 인솔자 선생님 비용으로 먼저 납부합니다. 인솔 선생님이 병원비를 납부한 경우 추후 송금해 주시면 됩니다. 귀국 시 아이 편으로 병원 영수증 및 보험 처리에 필요한 서류를 드립니다. 아이 귀국 후 해외여행자보험사에 서류를 제출해 보험금 청구해 주시면 됩니다.

특정 약만 맞는다면 꼭 챙겨주세요

미국 LA 캠프 가는 비행기 안에서 있었던 일입니다. 인천 공항에서 출발한 지 약 7~8시간 정도 지났던 것으로 기억합니다. 당시 승무원들이 기내식을 배식하는데, 갑자기 기상이 안 좋아지면서 비행기가 많이 흔들렸습니다. 안전벨트 표시등이 즉시 켜졌고, 자리로 돌아가서 안전벨트 매라고 기장 방송이 나왔습니다. 안전벨트를 했지만 거의 롤러코스트 타는 것처럼 많이 흔들렸습니다. 기내식 배식이 중간에 2번이나 중지되었으니 엄청 났지요.

한번은 한 아이가 기내식을 먹다가 긴장을 많이 했는지 체하고 말았습니다. 그런데 이 아이는 약 알레르기가 있어서 체했을 때 특정 소화제만 먹어야 했습니다. 제가 챙긴 상비약 중에도 기내에도 소화제는 있었지만, 그 소화제는 없었습니다. 이 아이는 다른 소화제를 먹으면 약물 중독으로 응급실에 가야할 정도라 다른 약을 줄 수가 없었습니다. 당시 태평양 위라 다른 국가로 갈 수도 없었고, 구토하는 수밖에 없는 상황이었습니다.

저와 승무원이 같이 등을 두드리고, 손을 주물렀는데요. 아이가 힘들어하다가 마침내 구토하였고, 얼굴색이 돌아왔습니다. 정말 다행이었습니다. 지금도 그 상황은 생생하게 기억이 납니다. 아이가 특정 약만 맞는 경우 꼭 챙겨주시고, 인솔 선생님께도 꼭 알려주세요.

미국에서 감기로 병원에 가면?

아이가 갑자기 감기로 열이 나는 경우가 있습니다. 이 경우 미국에서는 대부분 타이레놀을 먹고 집에서 쉬는데요. 감기가 오래가거나, 아이가 많이 힘들어하면 병원에 갑니다.

미국, 캐나다, 영국 등 영어권 병원에 가면 기본적으로 1시간은 기다려야 합니다. 전에 홈스테이 가족이 병원에 갈 때도 진료를 받으려면 기다려야한다고 책을 준비하는 것을 본적이 있습니다. 1~2시간 기다려서 주사를 맞거나 혹은 약을 받으면 뭔가 한 것 같은데요. 감기에 걸려서 병원에 가면 물과 오렌지 주스를 많이 마시고, 따뜻하게 하고, 쉬라는 말만 합니다. 필요하면 타이레놀 먹으라고 하는 정도이지요.

아이들이 미국, 캐나다, 영국 등에서 아픈 경우 부모님께 아이 및 현지 상황을 말씀드립니다. 병원에 안가도 괜찮다고 하시면 아이에게 약을 주고 지켜보기도 합니다. 물론, 현지에서 판단해서 병원에 가야겠다는 생각이 들면 곧바로 갑니다.

등록 전 건강과 관련된 사항은 모두 알려주세요

아이들이 아토피가 있는 경우가 많이 있습니다. 요즘에는 땅콩, 계란, 키위 등에 대해서 알레르기가 있는 경우도 있는데요. 아이들 건강과 관련된 것은 모두 다 캠프 등록 전에 업체에 말씀해 주세요. 아이도 스스로 주의할 수 있도록 꼭 부탁드립니다.

한 분이 아이가 땅콩 알레르기가 심해서 옆에서 먹기만 해도 응급실에 가야한다고 말씀하신 적이 있었습니다. 기내에서도

땅콩을 많이 먹습니다. 아이 건강이 최우선이니 아이 알레르기
가 더 나아지면 그 때 참가하십사 말씀드린 적이 있기도 합니다.

캠프 참가하려면 육체적, 정신적으로 건강해야 안전하게 많
은 것을 얻을 수 있습니다. 아이와 관련된 것은 등록 전 업체에
모두 상세하게 말씀드리고, 상의해 주세요.

떠나기 전 어떤 준비를 해야 하나요?

가장 중요한 준비물은 건강과 자신감입니다

출국 한 달 전 한 어머니께서 연락을 주셨습니다. 직장을 다니시고 계셔서 지금부터 천천히 준비 중인데 어떤 것을 더 준비해야할지 여쭈어 보십니다.

등록하시면 천천히 보시도록 준비물 리스트도 공지드려서 어느 정도는 알고 계십니다. 출국 약 2~3주 전에 오리엔테이션을 진행해서 준비물 리스트, 공항 집결 장소, 현지 생활 시 주의사항 등에 대해서는 모두 말씀드립니다. 그래도 걱정이 되시는지 연락을 주셨는데요.

준비물은 대략적으로 현지 기후에 맞는 옷, 신발 등을 준비해주시면 됩니다. 그런데 준비에서 가장 중요한 것이 있습니다. 그것은 바로 건강과 자신감입니다. 이것은 너무 기본적이고 중요해서 모두 다 잘 아실 것 같은데요.

건강은 가장 기본이지요. 캠프에 참가하면 최소 4~10시간 비행기를 타기도 하고, 비행 일정에 따라서 현지 시간 새벽에 도착 후 곧바로 버스로 이동을 하기도 합니다. 영국 캠프는 유럽 투어시 버스로 몇 시간씩 이동할 때도 있습니다. 시차가 있는 경우 낮밤이 바뀐 상황에서 아침 일찍부터 일어나서 준비하기도 합니다. 몸이 건강해야 공부도 하고 문화 체험을 하는 것이기에 잘 먹고, 잘 자고, 운동 열심히 해서 튼튼한 체력을 준비합니다.

자신감 역시 중요합니다. 캠프 참가하는 아이들의 영어 실력은 거의 비슷합니다. 그런데, "나 영어 못해"라고 주저하지 않고, "내가 아는 영어로 최대한 말해보겠다, 쟤도 하는데 나도 할 수 있어"라는 자신감과 배짱으로 영어 공부 및 현지 생활에 임하면 많은 것을 배워올 수 있습니다.

부모님께서 캠프갈 때 어느 것을 준비해야 하는지 문의하면 제가 항상 하는 답변은 "건강과 자신감을 챙겨주세요."입니다. 그만큼 중요한 준비물이니 아이와 함께 충실하게 준비해주세요.

영어 실력과 배짱

출발 전 어느 정도 영어를 공부해 오면 좋습니다. 아무래도 아는 만큼 보인다고, 영어를 잘하면 좀 더 자신 있게 말할 수 있고, 더 보이는 것이 많습니다. 아이의 학년 및 현재 영어 실력에 따라 차이가 있지만 간단한 회화 정도는 공부하고 오는 것이 좋습니다. 예를 들어, 홈스테이 가정에서 사용할 "배가 고파요.", "도시락이 어디에 있나요?", "언제 출발하나요?" 등입니다. 외부 활동 시에는 "여기를 어떻게 갈 수 있어요?", "이거는 어디에 있어요?" 등의 회화를 미리 준비해 가면 좋습니다.

그런데 영어만큼 중요한 것이 또 있습니다. 바로 배짱입니다. "틀리면 어때, 한번 해보자, 다른 사람이 하는 것은 나도 할 수 있다"라는 배짱으로 되건 안 되건 부딪혀 보면서 도전을 하는 것을 적극 추천합니다. 모든 것을 완벽하게 하고 시작할 수 없습니다. 내 영어가 좀 부족하다고 느껴져도, 자신 있게 말을 하고 시도하고 스스로의 영역을 넓혀가는 것은 캠프 참가의 목적입니다.

스마트폰을 가져갈 수 있나요?

"우리 아이가 스마트폰 가져갈 수 없으면 캠프 참가하지 않는다고 해요", "스마트폰 안 가져가니 정말 좋아요. 아이는 싫어하지만 저는 스마트폰 안 가져가는 거 적극 찬성합니다", "부모가 알면 안 되는 것들이 많이 있나 봐요. 왜 아이들에게 스마트폰을 못 가져가게 하세요?"

매 캠프 때마다 부모님께서 하시는 말씀입니다. 다른 업체는 잘 모르겠지만 저희는 캠프 참가 시 스마트폰을 가져올 수 없습니다. 스마트폰, 핸드폰, 공기계, 태블릿 피시, 아이패드, MP3 등 모든 전자 기계는 소지 불가입니다. 아이들은 카메라로 사진을 찍습니다. 사진과 동영상은 매일 인솔 선생님이 찍어서 사이트에 올립니다.

스마트폰 및 모든 전자 기계를 못 가져가는 것을 환영하는 부모님들도 계시고, 반대하시는 부모님들도 계십니다. 아이들은 모두 격렬하게 반대합니다. 저희도 핸드폰 로밍, 스마트폰을 허용한 적이 있었는데요. 여러 케이스를 경험해 보니, 가져오지 않는 것이 아이들에게 도움이 된다는 판단을 내려 모두 안 소지하지 않는 것으로 하고 있습니다.

2000년 초중반으로 기억합니다. 그 당시에는 스마트폰이 없었고, 아이들은 거의 대부분 국제전화카드를 이용해서 집으로 전화했습니다. 핸드폰을 로밍해서 가져오는 경우는 1년에 2~3명 정도 있었습니다. 당시 로밍 핸드폰을 사용해서 우리나라로 전화를 하거나 받으면 핸드폰 요금이 1분 당 2~3,000원 정도

였던 것으로 기억합니다.

한 초3 남학생이 2005년 경에 미국 캠프에 참가했습니다. 영어 유치원을 나와서 영어를 곧잘 하던 아이였습니다. 부모님께서 출국 전 아이에게 핸드폰을 로밍해서 챙겨주셨는데요. 등교 시, 쉬는 시간, 점심 시간, 하교 시, 집에 도착 후 등 아이에게 물어보니 하루에 6~7번 정도 우리나라에 계신 어머니와 통화를 했습니다. 이 아이는 미국 생활 적응하는 데 시간이 다소 오래 걸리는 편이었습니다. 시차로 인해 밤에 잠이 안 오고, 계속 집에 가고 싶다고 울던 아이라 신경을 많이 쓰던 아이였습니다.

아이가 하루에 몇 번씩 우리나라로 전화하니 저는 핸드폰 비용도 비용이지만 안타까웠습니다. 그 아이는 몸은 미국에 있지만, 마음은 우리나라에 있었습니다. "캠프 참가했으니 우리나라는 잠시 잊고, 미국 생활에 빠져서 생활하면 더 많은 것을 얻을 수 있을텐데"라는 아쉬움이었습니다.

어머니께 상의를 드렸습니다. 매일 저희가 아이의 사진, 동영상, 소식을 올려드리니 일주일에 2~3번씩 안부전화 해도 충분하다고 말씀을 드렸습니다. 이렇게 매일 6~7번씩 어머니께 전화를 하면, 아이는 자꾸 어머니께 의지하게 되고 미국 생활에 적응하는 데 시간이 더 오래 걸린다고 말씀 드렸습니다. 어머니께서 이해하셨고, 앞으로 일주일에 2번씩 통화하기로 하셨습니다. 아이는 집으로 전화를 못하게 하자 처음에는 힘들어하였지만, 나중에는 적응 잘하고 많은 것을 경험하고 귀국했습니다.

이런 경우도 있었습니다. 그 당시에는 스마트폰을 가져오면 일괄적으로 수거하였다가, 주말에 1번씩 주는 것으로 했었습니다. 미국에 도착 후 학교에서 1주일 동안 보관하다가, 토요일 오전에 1박 2일 동안 주고 월요일 아침에 반납하도록 하였습니다. 그 때부터 시작이 되었습니다.

토요일 디즈니랜드가서도 아이들은 놀지 않고 모여서 스마트폰하고, 일요일에 홈스테이 가족이 나가자고 해도 방에서 스마트폰을 하였습니다. 급기야 일요일 밤새서 스마트폰 하고 월요일 아침에 못 일어나는 바람에 대규모 지각 사태가 벌어진 적이 있었습니다. 그래서 스마트폰을 포함한 모든 전자기기는 가져가지 않는 것을 원칙으로 하고 있습니다.

캠프에서는 "무소식이 희소식입니다" 이런 일이 생기면 안되지만 만일 문제가 생기면 인솔자가 먼저 부모님께 연락을 드립니다. 아이들도 문제가 있거나 혹은 부모님께 드릴 말씀이 있으면 어떤 방법을 동원해서라도 부모님께 전화합니다.

종종 어떤 부모님께서 '얼마나 부모가 알면 안 되는 것들이 많이 있어서 아이들에게 스마트 폰을 못 가져가게 하는지' 말씀 하시기도 합니다. 캠프 기간은 통상 4~8주인데, 아무리 길어도 2달이면 아이들은 귀국합니다. 1~2달 뒤면 모두 알게 되시는데 손바닥으로 하늘을 가릴 수 없습니다. 저희는 온갖 신경을 쓰고 있지만, 혹여 라도 저희가 놓치는 불편한 점 아이들 및 부모님 들이 알려주시면 더 기쁘고 감사합니다. 귀국 후 말씀주시면 어떻게 할 방법이 없는데, 먼저 말씀해 주시면 저희는 문제를 시 정할 기회가 있거든요.

인솔 선생님들은 항상 아이들과 함께 하고, 1주일에 한 번씩 아이들과 1:1 상담을 합니다. 불편 사항 언제든 인솔 선생님께 말을 하고, 만일 말하기 어려우면 부모님께 연락드리면 부모님 께서 인솔 선생님께 전달하는 방법도 있습니다. 부모님께서도 인솔 선생님과 카톡 연결이 되어서 궁금하신 점 언제든 연락하 실 수 있습니다.

어려운 부탁도 있었습니다. "우리 아이는 스마트폰을 꼭 필 요할 때만 쓰니, 우리 아이는 예외적으로 가지고 가게 해주세 요."라고 하시는 겁니다. 그러나 해외 방학 캠프는 단체 생활이 고, 모두 스마트폰 가지고 가고 싶어 하는데 누구는 주고, 누구 는 안 줄 수가 없습니다. 모두 다 하나같이 귀한 아이들인데 말도 안되지요. 형평성에 어긋나지 않게 하기 위한 일이니 스마트폰 휴대를 할 수 없는 캠프에서는 부모님과 아이들이 모두 이해하고 따라주시면 좋겠습니다.

아이들 용돈은
얼마나 준비해 주는 것이 좋아요?

출국 전에 학비, 숙식비, 외부 활동비, 항공료 등 캠프 참가에 해당하는 모든 비용은 다 납부하시기에, 현지에서 아이들에게 따로 돈을 받거나 하지 않습니다(업체에 따라 다를 수 있음). 아이들 용돈은 아이들이 먹고 싶은 간식, 입고 싶은 옷, 선물 등을 산다고 사용하는데요.

환전한 용돈을 저희에게 주시면 인솔 선생님이 보관을 합니다. 현지 도착 후 매주 2~3회씩 아이들에게 서명을 받고 일정 금액을 지급합니다. 이후 남은 용돈은 아이들이 서명한 용돈 내역서와 함께 귀국 시 부모님께 모두 전달 드립니다.

일반적으로 4주 기준으로 했을 때, 초등학생은 약 35~40만 원, 중고등학생은 약 40~60만 원 정도 현지화(미국, 캐나다, 영국, 뉴질랜드, 호주 등 각각 국가의 화폐)로 준비해 주시면 됩니다. 종종 미국 달러는 전 세계에서 통용한다고 미국 달러로 환전하시는 경우가 있는데요, 현지 도착 후 다시 미국 달러를 현지 달러로 환전해야 되어서 수수료를 다시 부담을 해야 합니다.

영국 캠프는 유럽 투어도 있어서 파운드와 유로로 각각 환전해 주세요(초등학생 : 파운드 25만 원~30만 원, 유로 10만 원 / 중고등학생 : 파운드 30~50만 원, 유로 10만 원). 단, 필리핀은 4주 기준 미화로 $100~150 정도 준비해 주시면, 현지에서 페소화로 환전합니다.

위 금액은 저희가 추천해 드리는 금액일 뿐이기에 부모님께서 원하시는 대로 환전해 주시면 됩니다. 소액권 위주로 환전해 주시면 아이들이 사용하기 편리합니다.

예) $500을 보내실 경우,

$1 X 5 = $5	$5 X 3 = $15	$10 X 6 = $60
$20 X 6 = $120	$50 X 2 = $100	$100 X 2 = $200

용돈 제출하시기 전 약 3~4만 원 정도에 해당하는 현지화를 아이들이 비상금으로 따로 보관하도록 해주세요. 캠프 도착 후 첫 1~2일 아이들이 용돈이 미지급된 상황에서 필요할 것을 대비해서입니다.

선생님, 제가 아끼던 바지를 잃어버렸어요

캠프 참가 시에는 고가의 물건 혹은 옷은 가져오지 않도록 합니다. 기숙사 생활은 단체 생활을 하니 물건이 섞이거나 분실되는 경우가 있을 수 있습니다. 이것을 대비해서 물건에 이름을 적거나 비싼 것들은 가져오지 않도록 합니다. 없어져도 문제 없는 옷과 물건으로 준비해 주십니다.

스스로 물건을 잘 간수하는 것도 중요합니다. 영국 캠프에서 유럽 투어 시 스마트폰을 허용한 적이 있었습니다. 유럽 4개국을 여행하는데 한 아이는 프랑스에서, 또 한 아이는 네덜란드에 스마트폰을 놓고 온 적이 있었습니다. 국경을 넘어왔기에 다시 돌아갈 수도 없고, 길에 놓고 왔기에 어떻게 할 수 없는 상황이었습니다. 다행이었던 것은 스마트폰에 비밀번호를 걸어두었기에 다른 사람이 사용할 수 없었다는 점입니다. 이 사건은 저희가 스마트폰을 금지한 이유 중의 하나가 되기도 하였습니다.

아이가 캠프 기간 동안
생리를 시작할 것 같아요. 어쩌지요?

초5~초6 학생들이 많이 참가하다보니 현지에서 생리를 처음 시작하는 아이들이 한 캠프 당 1~2명 정도 있었습니다. 혹은 생리 시작한 지 얼마 되지 않았는데 캠프에 참가한다고 말씀하시는 경우도 있었지요. 항상 있는 경우이고, 여자 인솔 선생님이 따로 준비해 가시니 걱정하지 않으셔도 됩니다. 캠프 기간 동안 생리를 시작해도 놀라지 말고 선생님께 말씀드리면 인솔 선생님이 도와주십니다.

챙겨 가면 의외로 유용한 물건들

준비물은 대략적으로 현지 기후에 맞는 옷, 신발 등입니다. 그렇게 중요하게 생각하지 않았는데 현지에 도착하면 꼭 필요한 것으로는 챕스틱, 플라스틱으로 된 욕실용 슬리퍼, 현지용 콘센트 등입니다. 선크림과 모자도 필수 준비물입니다. 전 국가에서 이 5가지는 별거 아닌 것 같지만 꼭 필요해서 출국 전 오리엔테이션 때 여러 번 강조하는 품목입니다.

현지 날씨가 건조해서 입술이 트는 경우가 많아 챕스틱은 필수입니다. 플라스틱으로 된 욕실용 슬리퍼도 유용한 아이템입니다. 외국에서는 대부분 방에서도 신발을 신는 경우가 많아서 계속 운동화를 신고 있으면 불편해 집니다. 기숙사 생활을 해도 항상 운동화를 신고 있으면 불편하니 필요합니다. 현지용 콘센트는 우리나라는 220V인데, 미국과 캐나다는 110V, 영국은 240V라 우리나라와 콘센트 모양이 달라서 현지용 콘센트를 준비합니다.

선크림도 아주 중요합니다. 햇빛이 강해서 1달 동안 선크림 바르지 않고 생활하다가 귀국하면 인천공항에서 부모님께서 못 알아보실 수도 있기에 필수입니다. 모자도 자외선 차단에 꼭 필요합니다.

필요한 경우 약도 챙겨주시면 좋습니다. 기본적인 상비약은 인솔자들도 준비를 합니다. 그런데, 아이별로 잘 맞는 약이 따로 있기도 합니다. 이럴 때는 아이에게 맞는 약을 별도로 준비해 주시는 것이 좋습니다. 인솔 선생님에게도 꼭 알려주시고요.

캠프 선택 전
꼭 확인할 사항은 무엇인가요?

아이 캠프 참가 목적은 무엇인가요?

아이의 참가 목적과 가장 부합하는 캠프를 선택해 주세요. 아이가 또래 아이들과 정규 수업을 듣고 싶은지 혹은 다양한 문화체험을 하고 싶은지, 가고 싶은 나라가 있는지 마지막 등록 전꼭 확인해 주세요.

유학 전문 업체인가요?

방학 때만 단발적으로 이루어지는 곳인지, 유학 관련 전문 업체인지 확인해 주시는 것이 좋습니다. 유학 관련 노하우가 있는지 꼭 확인해 주세요.

예전에 한 어머니께서 '아이 아빠가 유학원 경력을 물어보라고 했다'고 말씀하셨습니다. '경력이 있어야 우리 아이 고생 안한다'라면서요. 정확하게 보셨습니다. 경력이 있다는 말은 그만큼 연습을 했다는 말인데요. 우후죽순으로 캠프를 하는 업체들이 생겨나는데요, 너무 경력이 짧은 경우 충분한 연습 및 노하우 부족으로 아이들이 고생할 수 있습니다. 유학 전문 업체로 충분한 경력이 있는지 꼭 확인해 주세요.

프로그램을 직접 기획하고 운영하나요?

업체가 직접 학교를 엄선하고 결정하여 기획 및 운영하는 곳인지 확인해 주세요. 캠프를 모집부터 진행까지 한 곳에서 하는 것이 아닌, 소개만 하고 수수료만 받는 경우도 있습니다. 즉 처음 상담한 곳과 캠프 진행하는 업체가 다른 경우가 있는데요. 만일 문제가 생겼을 때 책임 소재가 불분명할 수 있습니다. 이 경우 책임 소재를 확인해 주세요.

안전관리 체계가 전문적인가요?

해외로 아이만 보내는데 안전이 가장 중요하지요. 인솔자 선생님은 누구인지, 아이가 도움이 필요할 때 어떻게 해결이 되는지 확인해 주세요.

캠프 진행이 투명하게 공개되나요?

출국 후 캠프가 어떻게 진행되는지 확인해 주세요. 아이들과 연락 방법, 아이들 모습 보는 법, 인솔 선생님과 연락하는 법 등을 세심하게 확인하세요.

업체 재무 건전성은 어떤가요?

예전에 필리핀에서 아이들에게 비자 비용 등을 받은 후 비자 연장을 하지 않아 아이들이 불법 체류가 된 적이 있었습니다. 업체가 자금이 부족해서 아이들의 비자 비용을 사용한 적이 있었는데요. 절대 일어나면 안 되는 일입니다. 업체 규모, 재무 건전성, 안정성 등은 반드시 확인해 주세요.

한국 아이들 비율은 어떤가요?

여러 유학원에서 한 학교로 보내는 경우 우리나라 아이들의 비율이 높아질 수 있습니다. 내가 등록한 유학원에서는 총 10명만 참가했는데 다른 유학원에서 20명, 30명이 참가하면 우리나라 학생 비율이 높아지지요. 이 점도 꼭 확인해 주세요.

지난 캠프 만족도가 어떤가요?

사실 만족도라는 것이 주관적입니다. 동일한 캠프, 동일한 홈스테이에 있었는데 만족도가 전혀 다른 경우가 있습니다. 사람이다 보니 아이들 별로 느끼는 것이 차이가 있습니다. 만족도를 100% 신뢰하지 않는다 하더라도, 대부분 부모님 및 학생들이 만족하면 좋은 캠프입니다. 지금까지 참가한 부모님 및 아이들의 후기 등을 꼭 확인하세요.

해외 영어캠프 용어 정리해 드려요!

스쿨링

정규 수업을 하는 것을 스쿨링이라고 합니다. '스쿨링' 혹은 '정규 수업' 모두 동일한 말입니다.

홈스테이

우리나라 말로는 하숙인데요. 우리 아이들이 머무르는 현지 가정집입니다. 하루 3끼 식사 제공되고, 아이들 통학은 홈스테이 차로 이동합니다.

현지 한국인 담당자/코디네이터

우리나라에서 인솔 선생님과 함께 출발하지만, 현지에서 아이들 수업, 야외 활동 등을 관리하는 책임자입니다.

홈스테이 관리자/담당자

현지에서 홈스테이 배정 및 관리해 주시는 분입니다. 주로 현지 분들이 많이 담당하십니다.

액티비티 가이드(Activity Guide)

외부 활동 시 함께 참가하는 선생님입니다. 주로 20대 선생님들이 많이 맡는 편입니다.

아이와 어떤 것을
미리 약속하면 좋을까요?

아이들과 미리 약속하면 좋을 거에 대해서 다음과 같이 적어 보았습니다. 처음에 참가하는데 너무 약속할 것이 많으면 부담이 될 수 있거든요. 충분한 이야기를 나누며 아이와 상의하고, 아이가 고른 1개만은 꼭 지키도록 약속하는 것도 좋겠습니다.

현지에서 잘 먹고, 잘 자고, 건강하기

아이들이 캠프에 처음 참가하면 모든 것들이 다 도전입니다. 생활 환경, 음식, 시차 등 모든 것들이 다 새롭고 배울 것들이 많습니다. 이런 도전을 성실히, 멋지게 수행하기 위해서는 가장 먼저 건강해야 합니다. 먹고, 자는 것이 편해야 공부도 하거든요.

현지 음식이 입맛에 맞지 않아도 맛있게 먹기, 캠프 도착 후 첫 1주일 동안 시차 및 적응하느라 밤에 잠이 잘 안 올 수 있지만 노력하기, 항상 좋은 컨디션 유지하기 위해 노력하기 등을 아이들과 약속하면 정말 좋을 것 같습니다.

문제 있을 때 인솔 선생님과 곧바로 상의하기

인솔 선생님은 부모님 대신입니다. 몸이 조금이라도 이상하거나 혹은 무슨 문제가 있으면 곧바로 인솔 선생님과 상의해 주세요. 몸이 아프거나 혹은 친구와 문제가 있는데 혼자만 끙끙 않는 경우가 있습니다. 문제 있으면 인솔 선생님께 곧바로 상의하고 도움을 요청하세요. 비밀 보장되고, 선생님들이 친절하게 도와주십니다.

해외 생활에 푹 빠져 새로운 내가 되어보기

외국에서 1~2달 동안 있는 것은 최고의 경험입니다. 우리나라는 다 잊고 현지 생활에 푹 빠져보면 새로운 내가 되어보면 어떨까요? 캠프에 참가하면 기존에 나에 대해서 알고 있는 사람은 거의 없습니다. 인솔 선생님, 캠프 참가 아이들, 현지 아이들 모두 다 나를 처음 보거든요.

약간 소극적인 편이라면 적극적으로 질문하고, 다양한 친구들을 많이 사귀어서 새로운 성격으로 캠프 생활해 보면 어떨까요? 우리나라 학교에서 갑자기 적극적으로 변하면 나를 알고 있던 선생님과 친구들이 낯설게 느끼겠지만, 캠프에서는 원래 적극적이고 영어 열심히 하는 아이로 알거든요. 이 방법 효과

꽤 좋습니다. 적극 추천합니다.

영어로 말 많이 하고, 새로운 경험 많이 하기

영어로 말을 하려고 할 때 목소리가 작아질 수 있습니다. 영어 못하니 배우러 온 겁니다. 실수를 두려워하지 말고 크고 당당하게 말하세요. 캠프 같이 참가한 우리 아이들끼리만 같이 몰려다니지 말고, 외국 친구 많이 사귀세요. 우리나라 친구들은 귀국 후 사귈 수 있지만, 외국 친구들은 캠프 기간 동안에만 사귈 수 있습니다.

새로운 경험을 할 기회가 많아집니다. 예를 들어, 홈스테이와 함께 이웃집에 놀러갈 수도 있고, 기숙사에서 외국 친구들과 게임을 하기도 합니다. 그럴 때 "나 영어 못해서 불편해", "나 게임 못해"라고 생각하지 말고, "캐나다 이웃집에 갈 수 있는 최고의 기회가 생겼다", "잘생긴 프랑스, 독일 남학생과 게임을 할 기회다"라고 생각하고 적극적으로 행동하세요.

자신 있게, 하지만 예의 바르게 행동하기

외국에서 우리는 우리나라를 대표하는 민간 외교관입니다. 우리가 예의 없게 행동하면 현지 사람들은 "한국 아이들은 모두 예의가 없다"라고 생각을 하게 되거든요. 학교, 홈스테이, 기숙사에서 자신 있게 하지만 예의 바르게 행동하도록 합니다.

귀국 후에도 영어 및 외국 문화에 관심 가지기

캠프 기간 동안 영어 듣기과 말하기를 많이 연습했습니다. 길 걷다가 보이는 간판도 영어, 들리는 말도 영어였는데요. 이렇게 향상된 영어 실력을 그냥 묵히기에는 너무 아깝습니다. 귀국 후에도 팝송, 영어로 나오는 영화 등을 보면서 영어에 대한 감을 유지하고 계속 배우도록 합니다. 영화에서 영어로 대화하는데, 우리 현지 사람들과 대화했던 사람들이잖아요.

외국에 다녀오면 그 나라가 훨씬 더 친숙하게 느껴집니다. TV, 신문에서 내가 다녀온 나라가 나오면 느낌이 다르거든요. 내가 1~2달 동안 생활했던 그 나라에 대해서 꾸준히 관심을 가지고 공부해 보세요. 나중에 큰 재산을 얻게 됩니다.

좋은 생활 습관 이어나가기

앞에서 말씀드렸습니다. 미국 등 영어권 국가에서 아이들이 받는 문화 충격 중의 하나가 아침에 일찍 일어나고 밤에 일찍 잠자리에 든다는 것입니다. 일찍 자고 일찍 일어나는 것이 건강에도 좋습니다. 성공한 CEO들 중 새벽에 일어나시는 분들이 많지요. 건강과 부지런함을 동시에 갖는 좋은 습관을 유지했으면 합니다.

안전한 해외 영어캠프를 위해 이것만은 지켜주세요

- 학교 & 숙소 규정은 물론 선생님과 인솔자의 지시 사항과 규율을 엄수해 주세요.
- 허락 없이 학교를 무단 결석 혹은 조퇴하거나 숙소 밖으로 외출하지 말아 주세요.
- 인솔자의 지시에 따라 공공장소의 기본 에티켓을 지켜주세요.
- 수업과 모든 야외 수업 시, 적극적으로 참여해주시면 좋고 영어를 필수로 사용해주세요.
- 몸이 아프거나 특별한 사건이 생긴다면 즉시 인솔자 및 현지 선생님에게 알려주세요.
- 개인 행동을 삼가 주세요.
- 술, 담배, 불법적인 약물소지, 흉기, 음란물 등은 당연히 소지가 금지됩니다.
- 허락 없이 타인의 물건을 사용하지 말아야 하고 귀중품은 소지를 삼가 주세요. 간혹 지참한 경우 인솔자에게 맡겨주시면 안전하게 보관합니다.
- 다른 참가자의 의도적인 소외, 따돌림, 인격적으로 무시하는 언행 및 행위는 절대 금지 됩니다.
- 어떠한 경우에도 욕설 등의 언어적 폭력과 구타는 금지됩니다.
- 수업 및 단체 활동 시 휴대폰 및 각종 디지털기기 게임기 등을 사용하지 말아 주세요.

캠프 참가 후 아이와
어떤 대화를 나누면 좋을까요?

가장 먼저 축하드립니다. 아이가 건강하게 잘 귀국했지요? 그것만으로도 아이들 충분히 잘했고, 축하할 일입니다.

이 대견한 아이와 귀국 후 다음 이야기를 나눠보면 어떨까요? 너무 무겁게 말고 2박 3일 수학여행 다녀온 것처럼 아이들에게 가볍게 질문을 하시면, 아이들이 신나서 무용담을 펼칠 것 같은데요? 아이가 사춘기라 자세하게 말하지 않으려고 하면 그냥 두고, 말하고 싶을 때 말하도록 하는 것도 좋을 것 같습니다. 학교생활도 잘 이야기하지 않는 아이가 갑자기 말하려면 부담이 될 수 있거든요.

1　식사와 생활하는 것은 어땠어?
2　건강은 어땠니?
3　어떤 일이 가장 좋았니?

4 외국 친구 중 누구와 제일 친했어?

5 어디가 제일 좋았고, 어느 것이 가장 인상 깊었는지?

6 그 나라에 또 가고 싶은지, 그렇다면 이유는?

아이가 신이 나서 7박 8일 동안 무용담을 펼치건 혹은 단답식으로 짧게 대답을 하건 아이에게 꼭 "잘했다."라고 칭찬해 주세요. 어린 나이에 부모님과 떨어져 비행기 타고 건강하게 다녀온 것만으로도 아이들 정말 잘했습니다. 그것만으로도 충분히 칭찬받을 만한 대견한 아이들입니다.

PART

3

≈≈

나라별
해외 영어캠프
가이드

글로벌한 영어의 중심,
미국

미국영어캠프 인기 비결

미국영어캠프(이하, 미국 캠프)는 가장 많은 분들이 선호하시는 캠프 중의 하나입니다. "말은 나면 제주로 보내고, 사람은 나면 서울로 보내라"라는 속담이 있지요? 세계 1위 국가로 유명하다 보니, 미국은 가장 인기 많은 나라 중의 하나입니다.

미국이라는 나라, 역사, 경제, 사회, 문화 등에도 관심이 높고, 우리는 학교에서 미국식 영어로 교육을 받아 미국식 영어에 익숙하기도 합니다. 뉴욕, 보스턴, 로스 엔젤레스와 같이 TV와 책에서 많이 본 도시, 하버드 대학, MIT, 스탠퍼드 대학과 같은 세계 최고 명문 대학이 있어서 큰 세상을 보고 느끼고 큰 꿈을 꾸기에 최적의 장소입니다.

덧붙여 미국 또한 다양한 학교와 학원들이 많이 있습니다. 교육 인프라가 다양하게 갖춰져 있기 때문인데요, 아이의 특성에 맞춰 캠프를 선택할 수 있다는 점도 큰 장점이 되겠습니다.

걱정하지 마세요!
안전이 최우선입니다

미국 캠프를 고민하시면서 "미국으로 보내고 싶기는 한데, 미국은 총기 소지를 할 수 있어서 위험하지 않나요?", "미국 친구들이 학교에서 인종 차별하지 않나요? 우리 아이가 왕따를 당하면 어쩌지요?"라고 걱정 어린 말씀을 하십니다.

그러면 저는 "총기 사건은 제가 어떻게 할 수 있는 부분은 아니지만, 저는 지금까지 20년 이상 미국에 다녀왔는데 아무 문제 없었습니다. 아이들은 혼자 있지 않고 항상 어른과 함께 있습니

다"라고 말씀을 드립니다.

인종 차별 역시 지금까지 캠프 진행하면서 한 번도 경험한 적 없습니다. 미국은 겨울 방학 때 미국 아이들과 같이 정규 수업을 듣는데요. 공부하는 학교는 도심에서 벗어나 조용하고 안전한 곳에 있거든요. 미국 아이들 정말 순박하고 착합니다. 우리 아이들을 도와주면 도와주지, 인종 차별하거나 왕따시키지 않습니다. 한 학교에서 스쿨링 10년 이상 진행하고 있는데, 왕따가 있으면 그 학교에서 공부할 이유가 없습니다.

부모님들께서 여러 걱정을 하시지만, 그래도 미국을 가장 많이 선호하는 데에는 분명한 이유가 있습니다. 인천 공항에서 아버지께서 중1 아들과 출국 전 마지막 인사를 나누시는 것을 우연히 들은 적이 있습니다. "왜 미국이 세계 최고인지 직접 보고 느껴봐라"라고 말씀 하시더군요.

아이들은 처음 미국 공항에 도착했을 때 "사람들이 질서 정연하게 줄 서고, 옆을 지나칠 때 몸이 닿지도 않았는데 먼저 Excuse me라고 하고, 말끝마다 Thank you"라고 하는 것"을 보면서 "드디어 미국에 왔구나"라고 생각합니다. 세계적인 명문 하버드 대학과 MIT 캠퍼스를 걸으면서, TV로만 보던 타임스 스퀘어를 직접 보면서, 주말에 전 세계에서 관광객들이 몰려오는 Disneyland, Universal Studios 등을 방문하면서 아이들은 "역시 미국이구나, 멋지다. 나도 여기에서 공부하고 싶다"라고 동기부여를 받습니다.

물론 아이들이 아직 어려서 아무 생각이 안 들 수도 있습니다. 혹은 그 당시는 생각했지만 곧 잊어먹을 수도 있습니다. 하지만, 아이들이 보고 느낀 것들은 알게 모르게 경험 그리고 자산으로 흡수가 되어, 아이들 인생에 큰 자양분이 될 거라 굳게 믿습니다.

미래를 꿈꾸게 하는 캠프
디자인을 좋아하는 아이가 "초등학교 6학년 때 Disneyland에서 봤던 신데렐라 성보다 더 멋진 작품을 만드는 세계적인 디자이너가 되야지"라고 결심을 합니다. 노래와 춤을 좋아하는 아

이가 "중1 때 미국 뉴욕에서 "라이온 킹" 뮤지컬 봤는데 너무
좋았어. 나도 해보자"라고 합니다. 국내 대학교와 외국 대학교
진학에 대해서 고민을 할 때 "초등학교 5학년 때 하버드에서 공
부하는 언니, 누나가 멋있어 보였어. 나도 하버드에 갈거야"라
고 마음 먹습니다.

아이들은 계속 성장하고, 인생에서 중요한 것을 결정할 때가
옵니다. 그 순간 살아오면서 지금까지 들었던 모든 말, 읽은 책
구절, 경험한 모든 것들을 총 동원하게 되는되요. 그 때 미국에
서의 경험이 생각이 나서 중요한 결정에 도움이 된다면 정말 최
고이지요. 미국 캠프에 참가한 이유가 됩니다.

서부와 동부의 기후 차이에 주의하세요

미국 캠프 선택 전 날씨도 많이 받는 문의 사항 중 하나입니
다. 미국 동부는 겨울에 우리나라보다 눈이 더 많이 오는 지역
도 있습니다. 나머지 계절은 우리나라와 거의 비슷한 편입니다.
미국 서부는 약간 차이가 있는데요, 2000년 초반만 하더라도
미국 서부 캘리포니아는 여름에 쾌청해서 햇볕은 쨍쨍 내리쬐
지만 그늘에 가면 시원했었거든요. 여름에 미국 서부 캠프가서
땀을 흘렸던 기억이 없습니다. 요즘은 기후 변화로 캘리포니아
여름은 우리나라처럼 더운데요. 습도는 우리나라보다 낮은 편
이라 그늘에 가면 시원한 바람이 불기도 합니다. 캘리포니아 겨

울은 봄, 여름, 가을, 겨울이 하루에 다 있는데요, 아침, 저녁은 우리나라 10월 말 정도로 약간 쌀쌀하고 낮에는 반팔을 입는 정도입니다.

미국에서 만나는 액티비티와 문화 체험

뉴욕(New York) 미국의 수도로 오해를 받을 만큼 미국에서 가장 알려진 도시 중의 하나입니다(미국의 수도는 백악관이 자리한 워싱턴 D.C입니다). 자연사 박물관, MoMA(뉴욕 현대 미술관) 등 유명 박물관, 극장, 영화관 등이 있는 미국 문화의 중심지입니다. 국제연합(UN) 본부도 있고요. 미국 내에서도 독자적인 세계를 이룬 독특한 도시로 아이들이 많이 기대하는 도시 중 하나입니다.

타임스퀘어(Times Square) TV에서 많이 보셨지요? 뉴욕의 상징이나 마찬가지입니다. 타임스 스퀘어 전광판의 삼성, LG 광고를 보면서 가슴이 뜨거워지는 경험을 한 분들이 계실 것이라 생각합니다. 매년 12월 31일이면 새해를 향해 카운트다운을 하는 전통이 있어 전 세계에서 많은 관광객이 찾아옵니다. 워낙 유명한 장면이라 TV에서 이 모습 보신 분들이 많을 거예요. 이런 세계적인 장소를 두 발로 걷는 경험은 아이들에게 잊지 못할 기억으로 남을 것입니다.

하버드 대학교(Harvard Univ.) 세계 최고의 대학교이지요. 1636년 설립된 하버드대학교는 미국에서 가장 오래된 대학이자, 아이비리그에 속하는 미국 동부 지역 8개 명문 대학 가운데 하나입니다. 하버드는 미국 종합대학 학부 순위에서 언제나 3위권

안에 들었으며 해마다 세계 대학 학술 순위에서 1~2위를 차지하고 있습니다. 아이들은 하버드 대학교를 탐방하면서 기념품도 사고, "나도 이 학교에서 공부하고 싶다"라는 멋진 꿈도 키웁니다.

MIT(Massachusetts Institute of Technology) 미국 매사추세츠에 위치한 MIT는 하버드 대학과 함께 미국을 대표하는 대학 중 하나입니다. 공대하면 MIT라는 말 들어본 적 있으시죠? 1861년 지질학자인 W. B. 로저스가 세계 최초의 공과 대학으로 창립했고, 이후 다양한 분야에서 뛰어난 인재들을 배출한 최고 명문 대학 중의 하나입니다.

백악관(White House) 미국 대통령이 사는 곳입니다. TV에서 많이 보셨을 거예요. 수도인 워싱턴 D.C에 있고, 그곳에서 가장 오래된 건물입니다. 백악관이라는 이름은 1814년 대영전쟁 때 소실되었다가 재건 후 외벽을 하얗게 칠한 데서 유래되었습니다. 미국 대통령은 가족과 함께 이 관저의 2층에서 거주합니다.

디즈니랜드(Disneyland) 말만 들어도 가슴이 뛰는 디즈니랜드입니다. 1955년 만화영화 제작자 월트 디즈니가 미국 캘리포니아 로스앤젤레스 교외에 세운 세계적인 테마파크인데요. 아이

들이 무척 기대하는 장소라는 사실은 두말하면 잔소리입니다.
아이들은 놀이기구도 타고, 맛있는 것도 먹고, 미키 마우스, 미니
마우스, 신데렐라 등과 사진을 찍으면 즐거운 시간을 갖습니다.

유니버설 스튜디오(Universal Studios) 디즈니랜드와 함께 아이
들이 정말 좋아하는 곳입니다. 디즈니랜드와 유니버설 스튜디
오는 방문하기 1주일 전부터 기대가 큰 곳입니다. 미라의 저주
(Revenge of the Mummy), 쥬라기 공원(Jurassic World) 등 놀이
기구도 재미있고, 놀이기구를 타지 않더라도 구경할 것이 많아
서 인기 만점입니다. 디즈니랜드보다 유니버설 스튜디오가 더
재미있다고 말하는 아이들도 많습니다.

스탠퍼드 대학교(Stanford Univ.) 엄청난 대학교이지요? 서부
최고 명문 대학 중의 하나인데요. 미국 캘리포니아 산타클라라

카운티의 스탠퍼드에 있는 사립 종합대학교입니다. 메모리얼 교회, 후버탑 같은 상징적 건물과 윌리엄 웨트모어 스토리(William Wetmore Story)의 조각 작품 '슬픔에 잠긴 천사', 로댕의 조각 정원, 파푸아 뉴기니 조각 정원이 유명합니다. 아이들은 스탠퍼드의 넓은 캠퍼스도 걷고, 학교 기념품도 사면서 큰 꿈을 키웁니다.

실리콘 밸리(Silicon Valley) 미국 샌프란시스코반도 초입에 위치한 샌타클래라 일대의 첨단기술 연구 단지입니다. 반도체 생산뿐만 아니라, 반도체가 만들어내는 온갖 종류의 첨단 산업 관련 기업이 모여있습니다. 한번은 실리콘 밸리라는 이름만 들어도 가슴이 뛴다는 아이를 만난 적이 있습니다. 스마트폰과 sns가 일상화된 요즘 아이들은 이곳에서 인텔, 애플, Facebook, Google 등 세계적인 글로벌 기업을 탐방합니다. 아이들은 유명 기업을 직접 본다는 신기함과 함께 동기 부여도 받곤 합니다.

미국 캠프 자세히 보기

미국에는 다양한 학교와 학원들이 많이 있습니다. 전 세계 아이들과 같이 영어 공부를 하는 영어 학원과 정규 수업을 듣는 정규 학교로 나누어집니다. 그럼, 여름 캠프와 겨울 캠프를 좀 더 세밀하게 들여다볼까요?

(PART 2의 '나라별 캠프 자세히 보기'는 이해를 돕기 위한 예시입니다. 업체별로 차이가 있음을 감안해 주세요.)

· 여름 캠프 ·

프로그램 개요

학교 명문 사립학교

지역 캘리포니아 주 안전한 교육 도시

구성 100% 정규 수업 + 썸머 스쿨 + Outdoor 캠프 + 샌프란/실리콘 2박 3일

대상 초등학교 3학년 ~ 고등학교 1학년

인원 선착순 30명

숙박 안전한 홈스테이

비용 630만 원(4주) / 930만 원(6주) (국적기 왕복 항공료, 개인 용돈, 여권 인지대 불포함)

특징

· 미국 명문 사립학교에서 100% 정규 수업
· 정규 수업 후 매일 방과 후 수업(ESL, 미국 문화, 수학 선행 학습 등)

- 미국 아이들과 인텐시브 썸머 스쿨에 참가(영어, 미술, 현장 체험 학습, 수영 등)
- 50년 전통의 PRC 캠프에 참가하여 미국 아이들과 수영, 카누, 양궁 등을 하며 사회성과 리더쉽 함양
- 안전하고 만족도 높은 홈스테이
- 오후 및 주말 활동으로 다양한 미국 문화 체험(디즈니랜드, 유니버설 스튜디오 등)
- 2박 3일 샌프라시스코/실리콘 밸리 탐방(구글, 애플, 페이스북, 인텔, 스탠퍼드 대학, UC 버클리 등)
- 경력 많은 미국 현지 선생님 및 인솔자 선생님 지도

주간 일정

명문 사립학교 정규 수업 일일 생활 시간표

시간	월	화	수	목	금	주말시간	토	일
06:30~07:30	맛있는 아침식사 및 등교					08:00~09:00		아침식사
07:30~11:30	오전 정규수업					09:00~10:00		산책 및
11:30~12:10	친구들과 맛있는 점심식사					10:00~13:00	주말명소 탐방 디즈니랜드,	종교활동
12:10~14:15	오후 정규수업					13:00~14:00	유니버설 스튜디오,	점심식사
14:15~16:00	방과 후 수업						샌프란 투어,	취미생활
16:00~18:00	홈스테이 귀가 및 휴식 시간					14:00~17:00	온타리오 쇼핑몰,	자율학습
18:00~19:00	맛있는 저녁식사						류현진 경기관람	쇼핑/인터넷
19:00~21:00	숙제 및 자율학습, 일기쓰기					17:00~18:00		저녁식사
21:00~21:30	취침준비 및 꿈나라로~					18:00~20:00		

- 방과후 애프터 스쿨 프로그램 시간에는 미국 아이들과 Homework club, sports, game 등을 합니다.

명문 사립학교 썸머 스쿨 & ESL 일일 생활 시간표

시간	월	화	수	목	금	주말시간	토	일
07:30~08:30	맛있는 아침식사 및 등교					08:00~09:00		아침식사
08:30~11:30	미국아이들과 오전 액티비티					09:00~10:00		자유시간
11:30~12:10	친구들과 맛있는 점심식사					10:00~13:00	주말명소 탐방 디즈니랜드, 유니버셜 스튜디오, 샌프란 투어, 온타리오 쇼핑몰, 류현진 경기관람	주말 액티비티
12:10~16:30	ESL 수업 및 미국 아이들과 오후 액티비티					13:00~14:00		점심식사
16:30~18:00	홈스테이 귀가 및 휴식 시간					14:00~17:00		주말 액티비티
18:00~19:00	맛있는 저녁식사							쇼핑/인터넷
19:00~21:00	숙제 및 자율학습, 일기쓰기					17:00~18:00		저녁식사
21:00~21:30	샤워 및 취침준비					18:00~20:00		
22:30~	꿈나라로~					20:00~22:00		

• ESL 수업은 학교 스케줄에 따라서 오전 또는 오후에 수업을 합니다.
• 주중의 모든 액티비티 활동은 미국 학생들과 함께 진행하며 sports, game, music, art, dancing, swimming, Water play 등 입니다.

전체 일정

	Sun	Mon	Tue	Wed	Thu	Fri	Sat
1주차							
08:30~14:15	미국 도착	반 배치고사 오리엔테이션	명문 사립학교 썸머 스쿨 참가 (ESL 수업 및 미국 친구들과 함께 하는 Activity)				디즈니랜드
14:15~16:00		1차 ELTis	Voca	Speaking	Essay	수학 선행	

	2주차					
08:30~14:15	홈스테이 가족과 함께	PRC Summer Camp (50년 이상 역사가 있는 캠프로 양궁, 승마, 카누 등 미국 또래 아이들과 함께합니다)				샌프란 실리콘밸리 2박 3일 탐방
14:15~16:00						

	3주차					
08:30~14:15	샌프란 실리콘밸리 2박 3일 탐방	샌프란 실리콘밸리 2박 3일 탐방	명문 사립학교 정규 수업			유니버셜 스튜디오
14:15~16:00			Voca	Speaking	Essay	수학 선행

	4주차					
08:30~14:15	아울렛 귀국쇼핑	명문 사립학교 정규 수업			귀국 (4주 일정) / 정규 수업 (6주 일정)	LA 다저스 경기관람
14:15~16:00		Voca	Speaking	Essay	수학 선행 2차 ELTis	

	5주차					
08:30~14:15	홈스테이 가족과 함께	명문 사립학교 정규 수업				넛츠 베리팜 놀이공원
14:15~16:00		Voca	Speaking	Essay	Writing	수학 선행

	6주차					
08:30~14:15	홈스테이 가족과 함께	명문 사립학교 정규 수업			귀국 (6주 일정)	한국 도착
14:15~16:00		Voca	Speaking	수학 선행	졸업식 3차 ELTis	

• 출발에서 도착까지 프로그램 전 과정 동안 전문 인솔자가 동행합니다.
• 상기 일정은 현지 사정에 따라 약간의 변동이 있을 수 있습니다.

프로그램 개요

학교 명문 사립학교

지역 캘리포니아 주 안전한 교육 도시

구성 100% 정규 수업 + 샌프란/실리콘 2박 3일 + 디즈니랜드/유니버설 스튜디오

대상 초등학교 3학년 ~ 고등학교 1학년

인원 선착순 30명

숙박 안전한 홈스테이

비용 650만 원(4주) 950만 원(6주) 1,310만 원(8주) (국적기 왕복 항공료, 개인 용돈, 여권 인지대 불포함)

특징

• 미국 명문 사립학교 100% 정규 수업

• 정규 수업 후 매일 방과 후 수업(ESL, 미국 문화, 수학 선행 학습 등)

• 사립학교 교복을 입고, 현지 아이들과 동등하게 수업 참가

• 조기 유학 체험 가능

• 안전하고 만족도 높은 홈스테이

• 오후 및 주말 활동으로 다양한 미국 문화 체험(디즈니랜드, 유니버설 스튜디오 등)

• 2박 3일 샌프라시스코/실리콘 밸리 탐방(구글, 애플, 페이스북, 인텔, 스탠퍼드 대학, UC 버클리 등)

• 경력 많은 미국 현지 선생님 및 인솔자 선생님 지도

주간 일정

시간	월	화	수	목	금	주말시간	토	일
07:00~08:00	맛있는 아침식사 및 등교					08:00~09:00		아침식사
08:00~11:40	오전 정규수업					09:00~10:00	주말명소 탐방	산책
11:40~12:20	친구들과 맛있는 점심식사					10:00~13:00	디즈니랜드 유니버설 스튜디오 할리우드 서부명문 대학 및 샌프란 2박3일 투어	종교활동
12:20~14:00	오후 정규수업					13:00~14:00		점심식사
14:10~15:10	방과후 수업							취미생활
15:30~17:00	방과후 활동 및 홈스테이 이동					14:00~17:00		자율학습
17:00~19:00	홈스테이와 맛있는 저녁식사 및 휴식							쇼핑/인터넷
19:00~21:00	숙제 및 자율학습, 독서시간					17:00~18:00		저녁식사
21:00~22:00	영어일기쓰기 / 등교준비 / 세면					18:00~20:00	휴식 및 자율학습	
22:00~	잠자리 들기					20:00~22:00	영어일기쓰기 / 세면	

• 15:30~17:00 방과후 활동시간에는 미국 학생들과 스포츠, 숙제, 게임 등에 참가를 하며, 주1회 수학 선행 학습이 있습니다. 학생 픽업 시간은 각 홈스테이 가정에 따라 다릅니다.

전체 일정

	Sun	Mon	Tue	Wed	Thu	Fri	Sat
1주차							
08:00~14:10	할리우드 베버리힐스 그리피스 천문대	오리엔테이션	명문 사립학교 정규 수업				디즈니랜드
14:10~17:00		1차 ELTis	Voca & Sentence	Speech	Reading	수학 선행 학습	
2주차							
08:00~14:10	홈스테이 가족과 함께	명문 사립학교 정규 수업					샌프란/실리콘밸리 2박 3일 탐방
14:10~17:00		Essay Writing	Voca & Sentence	Voca & Sentence	Reading	수학 선행 학습	

3주차

시간			명문 사립학교 정규 수업				
08:00~14:10	샌프란/실리콘밸리 2박 3일 탐방	샌프란/실리콘밸리 2박 3일 탐방					유니버셜 스튜디오
14:10~17:00			Voca & Sentence	Speech	Reading	수학 선행 학습	

4주차

시간		명문 사립학교 정규 수업					
08:00~14:10	귀국쇼핑 (4주)						넛츠베리팜
14:10~17:00		Essay Writing	Voca & Sentence	Speech 2차 ELTis 4주 졸업식	Reading	수학 선행 학습 4주 귀국	

5주차

시간		명문 사립학교 정규 수업					
08:00~14:10	홈스테이 가족과 함께						산타모니카/게티센터
14:10~17:00		Essay Writing	Voca & Sentence	Speech	Reading	수학 선행 학습	

6주차

시간		명문 사립학교 정규 수업					
08:00~14:10	귀국쇼핑 (6주)						매직마운틴 놀이동산
14:10~17:00		Essay Writing	Voca & Sentence	Speech 3차 ELTis 6주 졸업식	Reading	수학 선행 학습 6주 귀국	

7주차

시간			명문 사립학교 정규 수업				
08:00~14:10	홈스테이 가족과 함께	President Day					California Science Center / LA 다운타운
14:10~17:00			Voca & Sentence	Speech	Reading	수학 선행 학습	

8주차

시간		명문 사립학교 정규 수업				
08:00~14:10	귀국쇼핑 (8주)					
14:10~17:00		Essay Writing	Voca & Sentence	Speech 4차 ELTis 8주 졸업식	8주 LA 출발	8주 귀국

- 출발에서 도착까지 프로그램 전 과정 동안 전문 인솔자가 동행합니다.
- 상기 일정은 현지 사정에 따라 약간의 변동이 있을 수 있습니다.

다양한 문화와 우수한 교육환경,
캐나다

문화와 환경을 동시에 누려요

캐나다 영어캠프(이하, 캐나다 캠프)의 가장 큰 장점은 미국보다 약간 더 저렴한 가격으로 북미 영어를 배울 수 있고, 총기 소지가 불법이며, 자연환경이 좋습니다. 다인종국가라 인종 차별에 대한 걱정도 덜한 편입니다. 캐나다 밴쿠버는 안전하고, 세계에서 살기 좋은 도시로 순위권에서 드는데요. 캐나다를 생각하면 맑은 하늘과 푸르른 환경, 상쾌한 공기가 떠오릅니다.

특히 캐나다는 여름 날씨가 정말 환상입니다. 하늘은 높고, 쾌청한 편이라 생활하기에 참 좋습니다. 겨울에 서부는 눈이 내리는 대신 비가 많이 오는 편이고, 동부는 우리나라와 거의 비슷하다고 보시면 됩니다. 동부는 눈이 많이 오고, 4월에 눈이 오는 경우도 있었습니다. 여름에 가실 때에는 여름 옷 위주로 준비해 주시고, 아침과 저녁은 약간 서늘할 수 있으니 긴팔 옷

1~2벌 정도 챙겨주시면 좋습니다. 겨울은 서부는 주로 비가 오지만 눈이 올 때도 있으니 우리나라 겨울 옷 위주로 준비해 주시면 좋습니다. 동부는 방한용품을 좀 더 준비해 주세요.

덧붙여 캐나다는 미국 바로 위에 있는 나라입니다. 밴쿠버에서 미국 시애틀까지 차로 약 3~4시간 정도면 갈 수 있다 보니 캐나다에 간 김에 미국 시애틀도 많이 여행을 합니다. 미국 시애틀에는 명문 주립 Univ. of Washington, 스타벅스 1호점, 스페이스 니들, 세계적인 항공기 제조 보잉사 등이 있어서 미국 서부 문화 체험도 할 수 있습니다.

여름에도 겨울에도 에너지가 넘치는 캠프

우리나라 여름 방학 때 캐나다도 여름 방학입니다. 그래서 이 기간에 맞춰 전세계에서 영어를 배우러 온 아이들과 같이 오전에 영어를 배우고, 오후에는 문화 체험을 하는데요. 공립학교 교육청, 사립학교, 사설 학원 들 여러 곳에서 진행합니다. 아이들은 일본, 중국, 브라질 등 남미와 유럽 친구들과 함께 어울려 오전에 영어 공부를 하고, 오후에는 다양한 캐나다 문화 활동을 합니다. 주말에도 전일 일정으로 외부 활동을 진행합니다.

우리나라 겨울 방학 때 캐나다는 정규 수업 시즌인데요. 미국의 경우는 캠프 학생들은 공립학교 수업을 들을 수가 없는데,

캐나다는 공립과 사립학교 모두 정규 수업을 들을 수 있다는 장점이 있습니다. 북미권에서 공립학교 수업을 듣기 원하시는 분들이 캐나다 겨울 캠프에 많이 참가하십니다. 캐나다 겨울 캠프는 캐나다 공립 교육청 산하 공립학교 혹은 사립학교에서 정규 수업을 듣고, 주말에는 다양한 캐나다 문화 체험을 하는데요. 캐나다는 겨울에 스키가 유명하지요. 주말에 스키, 혹은 스노우 튜빙을 하면서 캐나다 겨울 액티비티를 체험합니다.

이런 아이들에게 캐나다를 추천해요

"안전하고, 북미 영어 쓰는 곳으로 가고 싶거든요. 날씨는 좋았으면 좋겠어요"라고 하시며 캐나다 캠프를 여쭈어보십니다. 캐나다를 문의하시는 분들은 미국은 총기 소지가 가능하고, 인종 차별이 걱정이 되신다며 안전한 곳으로 택하고 싶다고 말씀하시거든요. 주로 초등학교 여학생 보내시는 분들이 많이 질문하세요.

그러면 저는 미국도 총기나 인종 차별에 대해서 그렇게 걱정하지 않으셔도 되지만, 만일 걱정되시면 마음 편하시게 캐나다 캠프를 추천해 드립니다. 캐나다에서 영어 공부 및 문화 체험하고, 캠프 마칠 때 미국 시애틀로 3~4일 정도 여행을 할 수 있어서 캐나다와 미국 문화를 동시에 체험할 수 있다는 장점이 있거든요.

날씨와 환경 이외에도, 추후 조기 유학을 생각하시거나 혹은 공립학교 체험을 원하시는 분들도 계십니다. 미국은 학생 비자(F-1 비자) 및 관광 비자로 공립학교에서 공부할 수가 없지만, 캐나다는 학생비자로 공립학교에서 공부할 수가 있는데요. 캐나다 조기유학 가기 전에 먼저 공립학교 수업을 체험해 보기 위해서나 혹은 공립학교 생활을 체험해 보기 원하는 아이들도 캐나다 캠프에 많이 참가합니다.

캐나다에서 만나는 액티비티와 문화 체험

밴쿠버(Vancouver) '세계에서 가장 살기 좋은 도시', '세계 4대 미항'으로 손꼽히는 밴쿠버는 캐나다의 관문이자 캐나다에서 3번째로 큰 도시입니다. 수도는 아니지만 캐나다 관광과 문화의 중심지이며, 2010년 동계 올림픽을 개최하였습니다.

UBC(The Univ. of British Columbia) 캐나다 BC 주에 있는 명문 사립대학교입니다. 밴쿠버 다운타운에서 차로 약 20분 정도의 거리에 위치해 방문하는 데 큰 어려움이 없는 세계적으로 유명한 대학입니다.

스탠리 파크(Stanley Park) 캐나다에서 가장 유명한 관광지 중의 하나이며 북미지역에서 가장 큰 도시 공원입니다. 밴쿠버 수족관을 비롯하여 다양한 볼거리가 있으며, 밴쿠버에서 가장 아름다운 풍경인 바다 산책로가 있습니다.

캐나다 플레이스(Canada Place) 캐나다 명소 중의 하나인 캐나다 플레이스는 1986년 밴쿠버 엑스포가 개최되었던 전시장입니다. 지금은 국제 회의장으로 사용이 되며, 밴쿠버 컨벤션 센터, 팬 퍼시픽 호텔, 밴쿠버 월드트레이드 센터 등이 있습니다.

그랜빌 아일랜드(Granville Island) 1970년대까지 공장들이 있었던 공장 지대였으나, 1973년 재개발을 통해 도심 속 문화 공간으로 변신을 하였습니다. 갤러리, 캐나다 명문 예술 학교인 에밀리 카 예술학교, 각종 신선한 과일과 맛있는 음식을 판매하는 시장(Public Market) 등이 있습니다. 밴쿠버 현지인 및 관광객들에게 인기가 많은 곳으로 아이들에게 현지의 모습을 보여 줄 수 있는 장소이기도 합니다.

스페이스 니들(Space Needle) 미국 북서부 지역의 주요 랜드마크이자 시애틀의 상징입니다. 1962년 세계 박람회를 위해 지어졌으며, 모습이 바늘 모양으로 뾰족해서 지어진 이름입니다.

보잉사 항공 박물관(The Museum of Flight - Boeing) 보잉사는 1916년 윌리엄 보잉에 의해 설립된 세계 최대 항공기 제작 회사 및 방위 산업체입니다. 세계적인 회사가 운영하는 항공 박물관이기 때문에 수많은 비행기가 전시되어있고, 역사도 알 수 있습니다. 비행기를 좋아하는 아이들이 특히 좋아하는 곳입니다.

워싱턴 대학교(Univ. of Washington) 아이들 꿈의 크기를 키워주는 명문 대학교 방문도 빼놓을 수 없습니다. 워싱턴 대학교는 1861년 설립된 미국 북서부 지역에서 가장 큰 규모의 대학이며 오랜 전통과 우수한 연구 실적을 자랑하는 최고의 명문 대학입니다. 줄여서 UW으로 쓰고, 현지인들은 유덥(U-Dub)이라고도 부릅니다.

스타벅스 1호점(Starbucks) 세계적으로 유명한 다국적 커피 전문점 1호점입니다. 스타벅스는 1971년 이곳에서 커피 원두를 판매하는 소매점으로 시작하여, 1987년 하워드 슐츠가 인수한 뒤 커피 전문점으로 새롭게 탄생했다고 합니다. 전 세계 관광객들에게 아주 인기가 많은 스타벅스 1호점은 아이들에게도 흥미로운 명소입니다.

캐나다 캠프 자세히 보기

· 여름 캠프 ·

프로그램 개요

학교 밴쿠버 공립교육청 산하 공립학교

지역 밴쿠버

구성 캐나다 공립학교 ESL 수업 + 다양한 캐나다 문화 체험 + 미국 시애틀 3박
 4일 탐방 + 명문 UBC, UW 탐방 + 수학 선행

대상 초등학교 3학년 ～ 고등학교 1학년

인원 선착순 30명

숙박 홈스테이

비용 620만 원(4주) (개인 용돈, 여권 인지대 불포함)

특징

· 일본, 중국, 브라질, 프랑스, 독일 등 전세계에서 온 아이들과 ESL 공부

· 오후 및 주말 활동으로 다양한 캐나다 문화 체험

· 미국 시애틀 3박 4일 여행(스페이스 니들, 보잉사 항공 박물관 등)

· 안전하고 만족도 높은 홈스테이

· 명문 UBC 및 UW 탐방

· 경력 많은 캐나다 현지 선생님 및 인솔자 선생님 지도

3박 4일 밴쿠버 및 미국 시애틀 탐방 일정

날짜	일정
8월 13일 (화)	밴쿠버 도착. 캐나다 유명 관광지인 서스펜션 브릿지, 스탠리 파크, 캐나다 플레이스, 개스타운, 차이나 타운 탐방
8월 14일 (수)	캐나다 명문 UBC 재학생과 함께 캠퍼스 투어. 그랜빌 아일랜드, 잉글리쉬 베이, 영국 여왕의 방문을 기념하여 만들어진 퀸 엘리자베스 탐방
8월 15일 (목)	미국 명문 UW 재학생과 함께 캠퍼스 투어. 파이크 마켓 플레이스, 스타벅스 1호점 관광, 스페이스 니들 관광
8월 16일 (금)	호텔 조식 후 우리나라 귀국 비행기 탑승

전체 일정표

	Sun	Mon	Tue	Wed	Thu	Fri	Sat
1주차	7/21	7/22	7/23	7/24	7/25	7/26	7/27
오전	인천 출발 및 밴쿠버 도착	오티 배치고사 1차 ELTis	집중 영어 수업 ESL (세계 각국에서 온 아이들 및 캐나다 버디와 함께)				홈스테이 가족과 함께
오후			베리 농장 체험	과일 따기 체험	Atlantis Waterslides	볼링 수학 선행	
2주차	7/28	7/29	7/30	7/31	8/1	8/2	8/3
오전	홈스테이 가족과 함께	BC DAY (공휴일)	집중 영어 수업 ESL (세계 각국에서 온 아이들 및 캐나다 버디와 함께)				홈스테이 가족과 함께
오후			켈로나 도시 탐방 및 쇼핑	Gardom Lake Camp	농장 체험	농장 체험	
3주차	8/4	8/5	8/6	8/7	8/8	8/9	8/10
오전	홈스테이 가족과 함께	집중 영어 수업 ESL (세계 각국에서 온 아이들 및 캐나다 버디와 함께)					홈스테이 가족과 함께
오후		앨리슨 공원 수영/하이킹	Science Center	Atlantis Waterslides	Silver Star Mountain	Kal Beach 수학 선행	

4주차	8/11	8/12	8/13	8/14	8/15	8/16	8/17
오전	홈스테이 가족과 함께	졸업식 2차 ELTis	밴쿠버/ 미국 시애틀 3박4일 투어	밴쿠버/ 미국 시애틀 3박4일 투어	밴쿠버/ 미국 시애틀 3박4일 투어	밴쿠버/ 미국 시애틀 3박4일 투어	인천 도착
오후		다운타운 관광				벤쿠버 출발	

• 출발에서 도착까지 프로그램 전 과정 동안 전문 인솔자가 동행합니다.
• 상기 일정은 현지 사정에 따라 약간의 변동이 있을 수 있습니다.

· 겨울 캠프 ·

프로그램 개요

학교 밴쿠버 공립교육청 산하 공립학교

지역 밴쿠버

구성 캐나다 공립학교 100% 정규 수업 + 다양한 캐나다 문화 체험 + 미국 시애틀 3박 4일 탐방 + 명문 UBC, UW 탐방 + 수학 선행

대상 초등학교 3학년 ~ 고등학교 1학년

인원 선착순 30명

숙박 홈스테이

비용 700만 원(4주), 1,300만 원(8주) (개인 용돈, 여권 인지대 불포함)

특징

• 캐나다 명문 공립교육청 산하 공립학교에서 100% 정규 수업

• 정규 수업 후 매일 방과 후 수업(ESL, 캐나다 문화, 수학 선행 학습 등)

• 미국 시애틀 3박 4일 여행(스페이스 니들, 보잉사 항공 박물관 등)

- 안전하고 만족도 높은 홈스테이
- 명문 UBC 및 UW 탐방
- 경력 많은 캐나다 현지 선생님 및 인솔자 선생님 지도

전체 일정표

	Sun	Mon	Tue	Wed	Thu	Fri	Sat
1주차	1/5	1/6	1/7	1/8	1/9	1/10	1/11
08:00~14:00	인천 출발 및 밴쿠버 도착	오티 배치고사 1차 ELTis		정규 수업			컬링
15:00~17:00		방과 후 수업	방과 후 수업	수학 선행 학습	방과 후 수업	수학 선행 학습	
2주차	1/12	1/13	1/14	1/15	1/16	1/17	1/18
08:00~14:00	홈스테이 가족과 함께			정규 수업			볼링
15:00~17:00		방과 후 수업	방과 후 수업	수학 선행 학습	방과 후 수업	수학 선행 학습	
3주차	1/19	1/20	1/21	1/22	1/23	1/24	1/25
08:00~14:00	홈스테이 가족과 함께			정규 수업			Science Center
15:00~17:00		방과 후 수업	방과 후 수업	수학 선행 학습	방과 후 수업	수학 선행 학습	
4주차	1/26	1/27	1/28	1/29	1/30	1/31	2/1
08:00~14:00	홈스테이 가족과 함께	정규 수업		수업 (8주) 밴쿠버/ 미국 시애틀 2박 3일	수업 (8주) 밴쿠버/ 미국 시애틀 2박 3일	수업 (8주) 4주 한국 출발	Ski
15:00~17:00		방과 후 수업	4주 졸업식 2차 ELTis				

5주차	2/2	2/3	2/4	2/5	2/6	2/7	2/8
08:00~14:00	홈스테이 가족과 함께			정규 수업			Hub/Art Studio
15:00~17:00		방과 후 수업	방과 후 수업	수학 선행 학습	방과 후 수업	수학 선행 학습	
6주차	2/9	2/10	2/11	2/12	2/13	2/14	2/15
08:00~14:00	홈스테이 가족과 함께			정규 수업			컬링
15:00~17:00		방과 후 수업	방과 후 수업	수학 선행 학습	방과 후 수업	수학 선행 학습	
7주차	2/16	2/17	2/18	2/19	2/20	2/21	2/22
08:00~14:00	홈스테이 가족과 함께			정규 수업			아울렛 쇼핑 귀국
15:00~17:00		방과 후 수업	방과 후 수업	수학 선행 학습	방과 후 수업	수학 선행 학습	
8주차	2/23	2/24	2/25	2/26	2/27	2/28	2/29
08:00~14:00	홈스테이 가족과 함께		정규 수업		밴쿠버/미국 시애틀 2박 3일	밴쿠버/미국 시애틀 2박 3일	한국 출발
15:00~17:00		방과 후 수업	방과 후 수업	수학 선행 학습 3차 ELTis			

• 출발에서 도착까지 프로그램 전 과정 동안 전문 인솔자가 동행합니다.

• 상기 일정은 현지 사정에 따라 약간의 변동이 있을 수 있습니다.

클래식한 영어의 심장,
영국

영국의 좋은 점

영국 영어캠프(이하, 영국 캠프)의 가장 큰 장점은 정통 영국 영어와 영국의 오랜 역사와 문화를 배웁니다. 여름에는 다양한 유럽 친구들을 사귈 수 있고, 겨울에는 영국 아이들과 같이 공립학교 정규 수업을 참가합니다. 영국에서 공부 후 유럽 투어를 해서 아이들에게 인기가 많습니다.

영국 캠프를 고민하시면서 "영국 캠프가 다 좋은데 발음 때문에 걱정이에요"라고 하시는 분들이 계십니다. 영국에서 3~4주 공부한다고 아이의 발음이 갑자기 영국인 발음으로 바뀌지는 않습니다. 영국 영어를 고급 영어라고 하는데, 영국 영어를 경험하면 좋지요. 주로 아이들이 미국식으로 공부를 해서 영국 발음을 못 알아들을까 걱정하기도 하시는데요, 아이들 영국에서 대화하는 거 보면 전혀 문제 없습니다.

영국은 런던, 옥스퍼드, 캠브리지, 바스, 캔터베리 등 도시 어느 곳을 가건 영국의 오랜 역사와 문화의 현장입니다. 런던에서는 버킹엄 궁전, 타워 브리지, 웨스트민스터 사원 등을 방문하면서 영국 문화를 느낍니다. 옥스퍼드, 캠브리지 등에서는 유명 대학을 탐방하면서 큰 세상을 보고 나중에 여기에서 공부하고 싶다는 꿈을 키웁니다.

변덕스러운 날씨에 대비하세요

영국 날씨에 대해서 많이 문의하시는데요. 영국 날씨는 변화가 잦기는 합니다. 여름에는 낮에는 반팔을 입는 날씨인데 아침, 저녁은 서늘해서 우리나라 가을처럼 약간 서늘하기도 합니다. 비가 오면 더 기온이 내려가서 우리나라 가을에 입는 후드티를 꼭 같이 챙겨가야 합니다. 겨울에는 눈이 많이 오지는 않지만 비가 오는 편입니다. 온도가 영하로 내려가지는 않지만, 비가 오고 바람이 불어 더 춥다고 느낄 수 있으니, 겨울 옷 위주로 준비해 주시면 됩니다.

글로벌 감각을 익히는 여름 캠프,
영국 문화를 느끼는 겨울 캠프

여름에는 우리나라와 같이 영국도 방학입니다. 유럽의 가까운 나라들, 프랑스, 독일, 이태리, 벨기에, 네덜란드 등 여러 나라에서 또래 아이들이 영어를 배우러 많이 참가합니다. 한 나

라에서 집중적으로 참가하기보다는 프랑스, 독일, 이태리 등 여러 국가에서 참가해서 다양한 외국 친구들을 사귈 수 있는 장점이 있습니다. 여름 캠프 때 기숙사에서 생활을 하는데요, 유럽 친구들과 같이 기숙사 생활을 하면 재미있는 일들이 많습니다. 식사도 같이 하고, 저녁 활동 시 같은 팀이 되어 노래자랑도 하고 게임도 하면서 유럽 친구들과 더욱 친해집니다.

영국 캠프에서는 워낙 다양한 국가 아이들이 많이 참가하니 우리 그룹이 유일한 한국 그룹인 경우가 많습니다. 기숙사에서 식사할 때 프랑스, 독일, 스페인 등 여러 언어들이 들리는데요, 한국말이 들리면 바로 우리 그룹 아이들이어서 찾기가 쉽습니다.

겨울에는 정규 학교 시즌이라 영국의 공립학교 스쿨링에 참가합니다. 한 반에 영국 아이들 20~25명 정도가 있고, 여기에 우리 아이들 2~3명 정도가 참가해서 영국 공립학교 정규 수업을 체험합니다. 영국 학교의 교복, 넥타이, 운동복을 영국 아이들과 똑같이 입고 공부하는 아이들의 모습을 보면 참 멋집니다. 아이들은 영국 정규 수업도 체험하고, 영국의 전통 문화인 티타임에 차와 쿠키를 먹기도 합니다. 체육 시간에는 영국 친구들과 크리켓도 한답니다.

영국 캠프만의 매력 포인트, 유럽 투어

영국 캠프가 인기 있는 이유 중의 하나가 유럽 투어인데요. 아이들은 영국에서 공부를 마치고 마지막 1주일 동안 유럽을 탐방합니다. 프랑스, 독일, 네덜란드, 벨기에 등을 탐방하면서, 지난 영국 캠프에서 만났던 유럽 친구들을 생각하기도 합니다. 프랑스 파리 에펠탑 앞에서 사진을 찍으며 "프랑스 단짝 친구 마리도 여기에서 사진을 찍었겠다."라고 생각을 하고, 독일 하이델베르크 성을 탐방하며 "같이 점심 먹던 독일 친구 리암도 여기 왔다고 했었지"라며 그냥 유럽 도시 중의 하나가 될 수 있었던 곳들을 특별하게 느끼게 됩니다.

유럽 투어를 하면서 세계 역사와 문화도 다시 느끼고 배우게 됩니다. 유럽 투어 시에는 인천공항에서 함께 출발했던 인솔자

선생님 외에, 각 국가 현지 가이드 분이 같이 참가해 주시는데
요. 이 분들은 대부분 유럽에서 미술, 음악, 혹은 철학 등을 전공
하는 석사 혹은 박사 중인 유학생들이거든요. 이 분들은 프랑스
루브르 박물관, 독일 성당 등에 갔을 때 그냥 지나치지 않고 자
세하게 설명을 해주십니다. 아는 만큼 보인다고 출발 전 간단히
유럽에 대해서 공부해 오면 더 보이는 것이 많겠지요.

영국에서 만나는
액티비티와 문화 체험

런던(London) 영국은 우리 아이들이 많이 좋아하는 도시입니
다. 영국의 수도인 런던은 정치, 경제, 문화, 교통의 중심지인데요.
버킹엄 궁전, 타워 브리지 등 볼거리는 물론 구경하고 쇼핑할 것
도 많아서 런던 가기 바로 전날이면 아이들이 많이 신나합니다.

버킹엄 궁전(Buckingham Palace) 버킹엄 궁전은 영국 왕실의
사무실이자 집이며, 국빈을 맞이하는 공식적인 장소입니다. 영
국 런던 웨스트민스터에 있고, 빅토리아 여왕을 시작으로 이후
역대 국왕들이 거주하고 있습니다. 전통 복장의 근위병 교대식
은 버킹엄 궁전의 명물입니다. 아이들은 근위병과 나란히 사진
을 찍으며 "근위병 정말로 안 움직인다"라고 신기해합니다.

타워브리지(Tower Bridge) 타워브리지는 런던의 템스(Thames)

강의 가장 하류에 위치한 교량으로 많은 사람이 알고 있는 런던
최고의 랜드마크 중 하나입니다. 특히 밤에 보면 더 아름답고 운
치 있어서 저녁에 아이들과 함께 보러 가기도 합니다.

영국 박물관(British Museum) 1759년 설립된 세계적으로 유명
한 국립 박물관입니다. 세계 3대 박물관 중의 하나로 로제타 스
톤, 파르테논 신전 대리석 조각품 등 역사적 가치가 높은 전시
품을 소장하고 있습니다. 교과서 속 사진으로만 보던 유물을 생
생하게 볼 수 있습니다. 아이들은 아무래도 'Korea 관'에 가장
관심이 많고 우리나라의 뛰어난 유물을 보며 자랑스러워합니
다. 박물관 탐방을 마치고 기념품을 구매하기도 합니다.

트라팔가 광장(Trafalgar Square) 1805년 있었던 '트라팔가르

전'의 승리를 기념하여 지어진 광장입니다. 1841년 완성되었으며, 분수와 그 주변에 모이는 수많은 비둘기가 명물입니다. 아이들은 유서 깊은 광장 곳곳에서 사진 찍고 구경하면서 시간을 보냅니다. 특히 이 광장은 크리스마스에 세워지는 거대한 트리와 세모(歲暮) 심야의 합창 등으로 유명합니다.

코벤트 가든(Covent Garden) 원래 수도원(Covent)의 채소밭이 있던 자리였으므로 코벤트 가든이라는 이름이 붙었다고 합니다. 지금은 쇼핑할 곳이 많은 거리로 아이들에게 인기가 많습니다. 뮤지컬 영화 '마이 페어 레이디(My Fair Lady)'에서 오드리 헵번이 연기한 주인공 일라이자가 꽃을 팔던 거리로도 유명합니다.

빅벤(Big Ben) 책과 TV에서 영국의 상징으로 많이 봤지요?

영국 런던 웨스트민스터 궁전 북쪽 끝에 있는 시계탑의 별칭입니다. 높이 106m에 동서남북 네 방향으로 시계가 설치된 거대한 시계탑인데요. 1859년에 세워진 빅벤은 수많은 작품에서 런던을 상징하는 장소로 등장하고 있고, 매년 약 12,000명의 관광객이 찾는 런던의 대표적인 명소입니다.

옥스퍼드(Oxford) 학구적인 분위기 및 유명 대학교로 잘 알려져 있지요? 옥스퍼드는 런던에서 북서쪽으로 약 80km 정도 떨어져 있습니다. 아이들은 유서 깊은 옥스퍼드를 탐방하며 영국 역사와 문화를 느낍니다. 특히 아이들은 해리포터를 찍었던 학교에 간다는 생각에 들떠 참 좋아하고 기대합니다.

캠브리지(Cambridge) 옥스퍼드와 함께 영국의 대표적인 대학 도시로 손꼽히는 곳입니다. 케임브리지라는 이름은 캠강(River Cam)과 브리지(Bridge)의 조합으로 붙여진 것인데요. 이름처럼 도시 전체에 캠강이 흐르며 이를 건너기 위한 다리가 많고, 세계적인 명문대인 케임브리지 대학교가 있습니다.

영국 캠프 자세히 보기

•여름 캠프•

프로그램 개요

학교 명문 사립학교

지역 브라이튼(런던에서 차로 약 1시간)

구성 정통 영국 영어 + 다양한 영국 문화 체험 + 수학 선행 + 유럽 4개국 탐방

대상 초등학교 3학년 ~ 고등학교 1학년

인원 선착순 30명

숙박 안전한 명문 사립 기숙학교 기숙사

비용 630만원(4주) (국적기 왕복 항공료, 개인 용돈, 여권 인지대 불포함)

특징

• 오랜 역사와 전통을 가진 영국 명문 사립학교

• 다양한 국적의 유럽 아이들과 함께 신나는 영어 공부

• 안전하고 쾌적한 명문 사립학교 기숙사 생활

• 아침, 점심, 저녁 영양 최고의 카페테리아에서 뷔페식 제공

• 명문 사립학교 편의, 문화, 체육 시설 자유롭게 이용

• 오후 및 주말 활동으로 다양한 영국 문화 체험(런던, 옥스퍼드, 브라이튼 등 탐방)

• 매일 저녁 또래 유럽 친구들과 장기자랑, 디스코, 노래방, 영화, 스포츠 등 다

양한 프로그램 운영

• 경력 많은 영국 현지 선생님 및 인솔자 선생님 지도

• 환상적인 유럽 문화 및 역사 탐방(유럽 4개국 탐방)

주간 일정

시간	월	화	수	목	금	주말시간	토	일
07:00~08:45	맛있는 아침 식사 및 등교					08:00~09:00		아침식사
08:45~12:15	유럽 친구들과 함께 하는 집중 영어 수업					09:00~10:00	명소 탐방 옥스퍼드 런던 브라이튼 전일 관광	산책
12:15~13:00	영양가 있고 맛있는 점심 식사					10:00~13:00		독서
14:00~17:30	영국 문화 체험 및 수학 선행 학습					13:00~14:00		점심식사
17:45~18:10	영양가 있고 맛있는 저녁 식사					14:00~18:10		취미생활
19:30~21:30	유럽 친구들과 함께 하는 저녁 활동							
21:30~22:00	일기 쓰기 등교준비 / 세면							
22:30~	잠자리 들기							

• 유럽 친구들과 하는 저녁 활동은 Sports, Karaoke, Disco, Arts & crafts, Speed Dating 등에서 선택해서 합니다.
• 토요일 전일 일정 시 학교에서 점심 도시락이 지급됩니다.
• 상기 일정은 현지 사정에 따라 약간의 변동이 있을 수 있습니다

시간표

	Sun	Mon	Tue	Wed	Thu	Fri	Sat
1주차							
오전	인천 출발	오리엔 테이션	집중 영어	집중 영어	집중 영어	집중 영어	런던 관광
오후	영국 도착	1차 ELTis 수학 선행	Multiple Activities	브라이튼 도시 탐방	Multiple Activities	Multiple Activities	
저녁	Outdoor Sports	Disco Hockey	Trampolin-ing 볼링	카라오케	패션쇼	Game	영화
2주차							
오전	HMS Victory 및	집중 영어	집중 영어	집중 영어	집중 영어	집중 영어	캔터베리 관광
오후	Gunwharf Quays	Multiple Activities	Multiple Activities	브라이튼 i360 탐방	Multiple Activities	수학 선행	
저녁	Film Night	Speed Meet	Speed Dating	Sports / Game	International Night	Themed Disco	파자마 파티
3주차							
오전	Thorpe Park (놀이공원)	집중 영어	집중 영어	집중 영어	집중 영어	집중 영어	런던 관광
오후		Multiple Activities	Multiple Activities	브라이튼 Royal Pavillion	Multiple Activities	수학 선행 2차 ELTis 졸업식	
저녁	Film Night	독서 클럽	Football Tournament	Sports / Game	International Night	Themed Disco	영화, 스포츠
4주차							
오전	유럽 탐방 시작 (프랑스로 출발)	파리 (프랑스) 탐방	브뤼셀 (벨기에) 탐방 후 암스테르담 (네덜란드) 이동	암스테르담 (네덜란드) 잔세스칸스 탐방 후 뒤셀도르프 (독일) 이동	쾰른, 뤼데스하임 탐방 후 프랑크푸르트(독일) 탐방	하이델 베르그 (독일) 탐방 인천 출발	한국 도착
오후							
저녁							

* Multiple Activities : Capture the Flag, 보물 찾기, Egg Drop, Speed Meet, Drama Workshop, Photo Challenge, Hockey, Badminton, Basketball, Volleyball 등을 영국 선생님 및 유럽 친구들과 다양하게 진행합니다.

* 출발에서 도착까지 프로그램 전 과정 동안 전문 인솔자가 동행합니다. 유럽 여행 기간에 각 지역의 베테랑 가이드가 함께 합니다.

* 상기 일정은 현지 사정에 따라 약간의 변동이 있을 수 있습니다.

유럽 여행 일정

날짜	도시	교통편	일정
1일차	런던 파리	유로스타	런던 파리 이동(유로스타 탑승) 절대왕권의 상징인 베르사이유 궁전 및 정원 탐방
2일차	파리	전용 차량	세계 3대 박물관 중의 하나인 루브르박물관, 에뚜알 광장의 나폴레옹 개선문, 상제리제 거리, 콩코드 관광, 유람선 탑승 및 몽마르뜨 언덕 탐방
3일차	파리 브뤼셀 암스테르담	전용 차량	벨기에 수도 브뤼셀 이동 빅토르 위고가 "세계에서 가장 아름다운 광장"이라고 격찬한 "그랑 팔라스", 96m 높이의 첨탑을 가진 고딕 양식의 시청사, "브뤼셀의 가장 나이 많은 시민"이자 사랑을 듬뿍 받고 있는 "오줌싸개 동상" 등 브뤼셀 시내 탐방 암스테르담으로 이동
4일차	암스테르담 뒤셀도르프	전용 차량	제2차 세계대전의 전사자 위령탑이 있고 그 주변으로 왕궁과 신교회 등 오래된 건물이 있는 담광장, 현재 네덜란드 왕실의 영빈관으로 이용되고 있는 왕궁 등 탐방 후 풍차마을 잔세스칸스로 이동하여 풍차, 치즈 및 나막신 공장 등 탐방 후 뒤셀도르트로 이동
5일차	뒤셀도르프 쾰른 코블렌츠 로렐라이 언덕 뤼데스하임 프랑크푸르트	전용 차량	고딕양식 교회 건축물로 세계에서 세번째 규모인 거대한 쾰른 대성당 및 구시가지 탐방 라인강과 모젤강의 합류점인 코블렌츠로 이동 로렐라이 언덕으로 유명한 잔크트 고아르스하우젠에서 유람선 탑승 로렐라이 언덕, 아름다운 고성 등을 감상하며 뤼데스 하임 도착 프랑크푸르트 구시가의 중심지인 뢰머광장과 시청사 시내탐방
6일차	프랑크푸르트 하이델베르그 프랑크푸르트	전용 차량	대학의 도시 하이델베르그 이동, 하이델베르그 고성, 옛 다리, 학생 감옥, 철학자의 길 탐방 인천으로 출발

· 유럽 여행 기간에 각 지역의 베테랑 가이드가 함께 합니다.
· 상기 일정은 현지 사정에 따라 약간의 변동이 있을 수 있습니다.

· 겨울 캠프 ·

프로그램 개요

학교 명문 우수 공립학교

지역 런던 Surrey(공항에서 약 20분)

구성 정규 수업 + 다양한 영국 문화 체험 + 수학 선행 + 유럽 4개국 탐방

대상 초등학교 5학년 ~ 고등학교 1학년(만 11세 ~ 16세)

인원 선착순 30명

숙박 호텔형 기숙사

비용 720만원(4주) (국적기 왕복 항공료, 개인 용돈, 여권 인지대 불포함)

특징

· 영국 명문 공립학교 100% 정규 스쿨링

· 영국 친구들과 동등하게 정규 수업

· 현지 학교 교복 착용 및 영국 친구와 1:1 버디 프로그램

· 방과 후 공립학교 영어 교사가 직접 진행하는 ESL 수업

· 안전하고 쾌적한 호텔형 기숙사 생활

· 아침은 호텔 조식, 점심은 학교 까페테리아, 저녁 한식 제공

· 명문 사립학교 편의, 문화, 체육 시설 자유롭게 이용

· 경력 많은 영국 현지 선생님 및 인솔자 선생님 지도

· 환상적인 유럽 문화 및 역사 탐방(유럽 4개국 탐방)

주간 일정

시간	월	화	수	목	금	토	일
07:00~08:40	기상 및 아침 식사 후 등교						
08:40~10:40	정규수업 1, 2교시						
10:40~11:00	담임교사 미팅						
11:00~11:20	쉬는시간						
11:20~13:20	정규수업 3,4교시					옥스퍼드 대학 런던시내 투어 해리포터 스튜디오 웨스트필드 쇼핑	런던시내 투어 대영 박물관 버킹엄 궁전 케임브리지 대학 유럽투어
13:20~14:00	정규수업 5교시						
14:00~15:00	수업 종료						
15:00~15:30	방과 후 교재의 시간						
15:30~16:30	방과 후 교내 영어 그룹 수업						
16:30~17:00	귀가						
17:00~18:00	휴식						
18:00~19:00	저녁식사[식단에 따른 한식제공]					저녁 식사 및 휴식	
19:00~20:30	숙제 및 수학문제 풀이						
20:30~21:00	영어일기 작성 후 취침						

• 현지 학교 일정에 따라 시간표 변경 될 수 있습니다.
• 학년 배정: 현지 학생들과 동일한 학년으로 배정
• 정규수업: 제2외국어를 제외한 영어, 수학, 과학, 역사, 자리, 미술, 컴퓨터 등 현지 학생들과 100% 동일 수업
• 방과 후 영어 수업 : 명문 공립학교 영국인 선생님께 말하기 및 쓰기 집중 수업

시간표

	Sun	Mon	Tue	Wed	Thu	Fri	Sat
1주차							
8:00~ 15:00	명문 우수 공립학교 정규수업						
15:00~ 17:00	인천 출발 영국 도착	Essay writing	Voca & Sentence	Speech	Reading	Listening	옥스퍼드 대학탐방
19:00~ 21:00		1차 ELTis	수학 & 일기	수학 & 일기	수학 & 일기	수학 & 일기	
2주차							
8:00~ 15:00	런던시티 투어	명문 우수 공립학교 정규수업					
15:00~ 17:00	대영박물관 버킹엄궁전	Essay writing	Voca & Sentence	Speech	Reading	Listening	런던아이 탑승 타워브릿지
19:00~ 21:00	국회의사당	수학 & 일기	수학 & 일기	수학 & 일기	수학 & 일기	수학 & 일기	
3주차							
8:00~ 15:00	명문 우수 공립학교 정규수업						
15:00~ 17:00	케임브리지 대학탐방	Essay writing	Voca & Sentence	Speech contest (시상)	Reading	졸업식 & 발표회	해리포터 스튜디오 웨스트필드 쇼핑센터
19:00~ 21:00		수학 & 일기	수학 & 일기	수학 & 일기	2차 ELTis		
4주차							
8:00~ 15:00	유럽 탐방 시작	파리 (프랑스) 탐방	파리 이동 브뤼셀 (벨기에) 탐방	벨기에 이동 쾰른, 하이델 베르크 (독일) 탐방	프랑크푸르 트 (독일) 독일 출국	인천 도착	
15:00~ 17:00	(프랑스로 출발, 유로스타)						
19:00~ 21:00							

- 출발에서 도착까지 프로그램 전 과정 동안 전문 인솔자가 동행합니다.
- 유럽 여행 기간에 각 지역의 베테랑 가이드가 함께 합니다.
- 상기 일정은 현지 사정에 따라 약간의 변동이 있을 수 있습니다.

유럽 여행 일정

날짜	도시	교통편	일정
1일차	런던 파리	유로스타	런던 파리 이동(유로스타 탑승) 루브르박물관 나폴레옹 개선문 샹제리제 거리 유람선 탑승
2일차	파리	전용 차량	에펠탑 전망대 노틀담대성당 몽마르뜨 언덕 화가의 거리
3일차	파리 브뤼셀	전용 차량	브뤼셀 이동 라플라스 광장 오줌싸게 동상 예술의 언덕 벼룩시장
4일차	쾰른 하이델베르크	전용 차량	쾰른 이동 대성당 첨탑등반 하이델베르크 이동 고성입장 철학자의 거리
5일차	프랑크푸르트	전용 차량	프랑크푸르트 관광 공항이동

• 유럽 여행 기간에 각 지역의 베테랑 가이드가 함께 합니다.
• 상기 일정은 현지 사정에 따라 약간의 변동이 있을 수 있습니다.

자연과 함께 즐기는 영어,
뉴질랜드

꾸미지 않은 순수함이 매력 포인트

뉴질랜드 영어캠프(이하, 뉴질랜드 캠프)는 청정지역이고, 자연 환경 좋고, 사람들이 친절하다고 많이 선호하십니다. 세계에서 가장 청렴한 국가로 덴마크와 함께 1~2위를 다투지요. 뉴질랜드에 처음 딱 도착하면 맑은 공기와 친절한 사람들로 기분이 좋아집니다. 제가 지금까지 미국, 캐나다, 영국, 호주, 뉴질랜드, 프랑스, 독일, 네덜란드, 벨기에, 필리핀, 말레이시아, 대만, 홍콩 등 여러 나라를 다녀왔는데요, 저의 개인적인 경험으로 입국 심사가 가장 친절했던 나라로 기억합니다.

제가 처음 뉴질랜드 캠프 인솔을 했을 때입니다. 오후 야외활동을 간 적이 있었는데요, 그 날 저희가 방문했던 곳은 뉴질랜드를 대표하는 관광객들이 많이 오는 장소였습니다. 아이들과 함께 탐방을 하는데, 생각보다 기념품점이 많이 없었습나.

일반적으로 관광객들이 많이 오는 곳은 기념품점도 많이 있고, 과자, 음료수 등을 약간씩 비싸게 파는 상점 등도 많이 있잖아요. 뉴질랜드를 대표하는 관광지인데 예상보다 상점이 많이 없어서 약간 다르다고 느꼈던 기억이 있습니다.

생각해 보면 그것이 바로 뉴질랜드 매력입니다. 화려하지 않고 꾸미지 않은 순수한 것이 뉴질랜드의 매력이고, 사람을 더 편하게 해준다고 생각을 합니다.

거꾸로 된 계절이 신기해요

뉴질랜드 날씨의 큰 특징 중의 하나는 남반구에 있어서 우리나라와 계절이 반대라는 점입니다. 우리나라가 여름일 때 뉴질랜드는 겨울이고, 우리나라가 겨울일 때 뉴질랜드는 여름입니다. 우리나라에서도 영어 공부를 할 수 있지만, 외국으로 가는 이유가 큰 세상을 보고 다양한 경험을 하기 위해서인데요. 한국에서 무더운 여름에 비행기 탔다가 뉴질랜드에 내리자마자 서늘한 공기를 맞거나, 우리나라 엄청 추운 겨울에 출발했는데 비행기에서 내리자마자 따뜻한 햇볕이 내리쬐고, 반팔을 입은 사람들을 보는 것은 참 신기하고 재미있는 경험입니다.

뉴질랜드 겨울은 우리나라 10~11월 정도의 날씨인데요. 눈이 올 정도로 영하로 내려가지는 않지만, 비가 오면 바람도 불어서 싸늘한 편입니다. 뉴질랜드 여름은 우리나라와 여름과 비슷한데 습도가 높지 않아 햇볕이 있어도 그늘에 가면 시원합니다. 아침과 저녁은 약간 서늘한 편이라 얇은 긴 팔 한 벌 정도는 준비해 주시면 좋습니다.

뉴질랜드 정규 수업의 장점

우리나라 여름 방학 때 뉴질랜드는 겨울로 정규 수업을 진행합니다. 뉴질랜드 캠프 선택한 이유를 물어보니, 무더운 날씨를 피해서 선선한 가을인 뉴질랜드로 피서 간다면서 수줍게 웃던 한 남학생이 생각나네요.

뉴질랜드 정규 수업 시에는 초등학교 4학년 이상부터 참가가 가능합니다. 만일 엄마와 같이 동반 입국을 한다면 나이가 더 어려도 괜찮은데요, 아이가 혼자 참가하려면 반드시 만 10세 이상이 되어야 정규 수업에 참가할 수 있습니다.

뉴질랜드 정규 수업은 한 반에 키위(뉴질랜드 사람을 Kiwi라고 부릅니다) 아이들이 약 20~25명 정도 있으면, 우리나라 아이들 2~3명 정도가 들어가서 공부합니다. 학교에 따라 교복을 입는 경우도 있는데요, 우리 아이들은 키위 아이들과 같이 교복을 입고 공부하는 모습을 보면 참 귀엽습니다.

우리나라가 겨울일 때 뉴질랜드는 한 여름인데요. 뉴질랜드는 1월은 방학이고 2월부터 정규 수업이 시작을 합니다. 1월은 영어배우고 문화 체험을 하며 현지에 적응을 한 후, 2월부터 정규 수업에 들어가서 공부합니다. 먼저 적응을 할 수 있어서 일부러 뉴질랜드 캠프를 택하시는 분들도 많습니다.

뉴질랜드에서 만나는 액티비티와 문화 체험

오클랜드 씨티 투어(Auckland City Tour) 뉴질랜드에서 가장 유명한 도시입니다. 뉴질랜드 수도는 웰링턴이지만 오클랜드가 수도로 생각하는 분들이 많을 정도로 오클랜드가 더 많이 알려져 있는데요. 뉴질랜드 최대 도시 오클랜드에서 아이들은 아름다운 자연 경관과 각종 전통 건물을 구경합니다. 또한 영화관도 가고, 쇼핑몰도 구경하며 현지 생활을 체험해봅니다.

미션 베이(Mission Bay) 뉴질랜드에서 가장 아름다운 해변으로 유명합니다. 바로 앞에 랑기토토 섬이 펼쳐진 해변 지역인데요. 부드러운 백사장이 펼쳐져 있어 해수욕과 일광욕은 물론 간단하게 피크닉하기도 좋은 장소입니다.

오클랜드 대학교(The University of Auckland) 뉴질랜드 최고 명문으로 평가 받는 종합대학이지요! 2011년 영국 대학평가기관 QS(Quacquarelli Symonds)가 매긴 QS 세계 대학 랭킹에 따르면 오클랜드 대학교는 뉴질랜드 1위, 세계 82위에 각각 올라 있습니다. 학생 수도 4만 명에 달한다고 하니 뉴질랜드에서는 학생 수로도 최대 규모를 자랑하는 대표 대학입니다.

오클랜드 동물원(Auckland Zoo) 뉴질랜드 전체를 통틀어 최대 규모를 자랑하는 동물원입니다. 매 주말마다 아이들을 위한 교육 프로그램까지 운영하고 있는 유익한 장소인데요. 오클랜드에서 유일하게 뉴질랜드를 대표하는 키위 새를 볼 수 있어서 아이들이 많이 좋아합니다.

원트리 힐(One Tree Hill) 원트리 힐에 오르면 오클랜드 도시 전체를 한 눈에 내려다볼 수 있습니다. 이름만 들으면 그냥 높은 언덕이겠거니 싶겠지만 사실은 오래전 화산 활동으로 인해 생긴 분화구입니다. 화산활동으로 만들어진 뉴질랜드답지요? 뉴질랜드 원주민들의 영국군과의 항쟁을 기념하는 기념탑이 있어 자연과 역사를 동시에 배우고 체험할 수 있습니다.

오클랜드 박물관(Auckland Museum) 뉴질랜드에서 가장 큰 규모를 자랑하는 국립 박물관입니다. 아주 세련되고 깨끗합니다. 세계대전 당시 사망한 뉴질랜드 군인 만6천 명을 추모하기 위해 전쟁 기념관 겸 박물관으로 지어졌다고 합니다. 마오리 문화 갤러리, 자연사 전시관, 뉴질랜드 근현대 역사관 등 볼거리가 풍부해서 뉴질랜드의 역사를 통째로 이해하기에도 좋습니다.

로토루아 투어(Rotorua Tour) 아이들에게 인기 만점이지요! 뉴질랜드 원주민 문화를 체험할 수 있는 1박 2일 투어입니다. 양털 깎기 쇼, 양몰이 쇼를 보거나 직접 체험할 수 있고, 스카이 라이드, 롯지, 온천 스파를 즐기며 대자연의 신비를 만끽하는 뉴질랜드다운 투어입니다.

뉴질랜드 캠프 자세히 보기

· 여름 캠프 ·

프로그램 개요

학교 명문 공립학교

지역 뉴질랜드 부촌 명문 학군

구성 100% 정규 수업 + 다양한 뉴질랜드 문화 체험 + 1박 2일 로토루아 수학 여행

대상 초등학교 4학년 ~ 고등학교 1학년(입학일 기준 만 10세 이상)

인원 선착순 30명

숙박 안전한 홈스테이

비용 510만 원(4주) (국적기 왕복 항공료, 개인 용돈, 여권 인지대 불포함)

특징

- 뉴질랜드 명문 공립학교에서 100% 정규 수업
- 정규 수업 후 매일 방과 후 수업(ESL, 뉴질랜드 문화, 수학 선행 학습 등)
- 명문 오클랜드 대학, 오클랜드 박물관 등 탐방
- 안전하고 만족도 높은 홈스테이
- 오후 및 주말 활동으로 다양한 뉴질랜드 문화 체험
- 1박 2일 로토루아 투어(양털 깎기 쇼, 양몰이 쇼 등)
- 경력 많은 뉴질랜드 현지 선생님 및 인솔자 선생님 지도

일정보기

명문 공립학교 정규 수업 시간표

시간	일정
09:00~11:00	1교시
11:00~11:20	쉬는 시간
11:20~12:30	2교시
12:30~13:30	점심 시간
13:30~15:00	3교시
15:00~17:00	캠프에서 직접 운영하는 방과 후 수업

전체 일정

	Sun	Mon	Tue	Wed	Thu	Fri	Sat
1주차							
09:00~13:10		인천 출발	오클랜드 도착 및 오리엔테이션 홈스테이 입실	명문 공립학교 100% 정규수업			오클랜드 박물관 및 명문 오클랜드 대학 탐방 (한식 제공)
13:10~17:00				뉴질랜드 문화 수업 지역탐방 미션	뉴질랜드 문화 수업	뉴질랜드 문화 수업	
2주차							
09:00~13:10	홈스테이 가족과 함께 주말 미션			명문 공립학교 100% 정규수업			1박 2일 로토루아 투어
13:10~17:00		부모님께 영어 영상 편지 작성	부모님께 영어 영상 편지 촬영	홈스테이 인터뷰 및 촬영 1	홈스테이 인터뷰 및 촬영 2	Laser Force (서바이벌 게임)	

3주차							
09:00~ 13:10	1박 2일 로토루아 투어	명문 공립학교 100% 정규수업					3주 출국 Waiwera Hot Pool
13:10~ 17:00		뉴질랜드 문화 수업	뉴질랜드 친구 인터뷰	Rock Climbing	뉴질랜드 친구 인터뷰	뉴질랜드 문화 수업	

4주차							
09:00~ 13:10	홈스테이 가족과 함께 주말 미션	명문 공립학교 100% 정규수업					오클랜드 출발 및 인천 도착
13:10~ 17:00		뉴질랜드 문화 수업 공연 연습	뉴질랜드 문화 수업 공연 연습	편지 쓰기 및 공연 연습	뉴질랜드 친구 사진 찍기	Albany Westfield 귀국 쇼핑	

- 출발에서 도착까지 프로그램 전 과정 동안 전문 인솔자가 동행합니다.
- 상기 일정은 현지 사정에 따라 약간의 변동이 있을 수 있습니다.

· 겨울 캠프 ·

프로그램 개요

학교 명문 공립학교

지역 뉴질랜드 부촌 명문 학군

구성 집중 영어 + 100% 정규 수업 + 다양한 뉴질랜드 문화 체험 + 1박 2일 로 토루아 수학 여행

대상 초등학교 4학년 ~ 고등학교 1학년(입학일 기준 만 10세 이상)

인원 선착순 30명

숙박 안전한 홈스테이

비용 510만 원(4주), 1,100만 원(8주) (국적기 왕복 항공료, 개인 용돈, 여권 인지대 불포함)

특징

- 뉴질랜드 명문 공립학교에서 집중 영어와 100% 정규 수업을 동시에
- 1월 집중 영어 공부, 2월에 100% 정규 수업으로 점진적 향상
- 정규 수업 후 매일 방과 후 수업(ESL, 뉴질랜드 문화, 수학 선행 학습 등)
- 명문 오클랜드 대학, 오클랜드 박물관 등 탐방
- 안전하고 만족도 높은 홈스테이
- 오후 및 주말 활동으로 다양한 뉴질랜드 문화 체험
- 1박 2일 로토루아 투어(양털 깍기 쇼, 양몰이 쇼 등)
- 경력 많은 뉴질랜드 현지 선생님 및 인솔자 선생님 지도

일정보기

집중 영어 공부 및 다양한 문화체험 시간표

시간	일정
08:00 ~ 09:00	학교 등교 및 정비
09:00 ~ 09:50	1교시
09:50 ~ 10:20	쉬는 시간
10:20 ~ 11:10	2교시
11:20 ~ 12:10	3교시
12:10 ~ 13:10	점심 시간
13:10 ~ 17:00	캠프에서 직접 운영하는 방과 후 수업 혹은 야외 활동

명문 공립학교 정규 수업 시간표

시간	일정
08:00~09:00	학교 등교 및 정비
09:00~11:00	1교시
11:00~11:20	쉬는 시간
11:20~12:30	2교시
12:30~13:30	점심 시간
13:30~15:00	3교시
15:00~17:00	캠프에서 직접 운영하는 방과 후 수업

전체 일정

	Sun	Mon	Tue	Wed	Thu	Fri	Sat
1주차							
08:00~13:10	인천 출발	오리엔테이션 1차 ELTis	명문 공립학교 집중 ESOL 수업				오클랜드 시티투어
13:10~17:00			수학 1:1 스피킹 Voca	수학 1:1 스피킹 Speech	수학 1:1 스피킹 Reading	수학 1:1 스피킹 Debate	오클랜드 대학
2주차							
08:00~13:10	홈스테이 가족과 함께		명문 공립학교 집중 ESOL 수업				1박2일 로토루아
13:10~17:00		수학 1:1 스피킹 Essay Writing	수학 1:1 스피킹 Voca	수학 1:1 스피킹 Speech	수학 1:1 스피킹 Reading	수학 1:1 스피킹 Debate	
3주차							
08:00~13:10	1박2일 로토루아		명문 공립학교 집중 ESOL 수업				Parakai 온천수영장
13:10~17:00		수학 1:1 스피킹 Essay Writing	수학 1:1 스피킹 Voca	수학 1:1 스피킹 Speech	수학 1:1 스피킹 Reading	수학 1:1 스피킹 Debate	

	4주차					
08:00~ 15:00	귀국쇼핑 (4주)	Speech Contest	명문 공립학교 정규 수업			마오리족 마을 방문 4주 귀국
15:00~ 17:00			수학 1:1 스피킹 Voca	수학 1:1 스피킹 Speech	수학 1:1 스피킹 Reading	수학 1:1 스피킹 2차 ELTis	

	5주차					
08:00~ 15:00	홈스테이 가족과 함께	명문 사립학교 정규 수업			정규 수업	호비튼 반지의 제왕 촬영지
15:00~ 17:00		수학 1:1 스피킹 Essay Writing	수학 1:1 스피킹 Voca	수학 1:1 스피킹 Speech	Waitangi Day 수학 1:1 스피킹 Debate	

	6주차					
08:00~ 15:00	알바니 쇼핑몰 (6주)	명문 사립학교 정규 수업				미션배이 원트리힐 6주 귀국
15:00~ 17:00		수학 1:1 스피킹 Essay Writing	수학 1:1 스피킹 Voca	수학 1:1 스피킹 Speech	수학 1:1 스피킹 3차 ELTis	수학 1:1 스피킹

	7주차					
08:00~ 15:00	홈스테이 가족과 함께	명문 사립학교 정규 수업				뉴질랜드 동물원 박물관
15:00~ 17:00		수학 1:1 스피킹 Essay Writing	수학 1:1 스피킹 Voca	수학 1:1 스피킹 Speech	수학 1:1 스피킹 Reading	수학 1:1 스피킹 Debate

	8주차					
08:00~ 15:00	귀국쇼핑 (8주)	명문 사립학교 정규 수업				8주 귀국
15:00~ 17:00		수학 1:1 스피킹 Essay Writing	수학 1:1 스피킹 Voca	수학 1:1 스피킹 Speech	수학 1:1 스피킹 Reading	수학 1:1 스피킹 4차 ELTis

• 출발에서 도착까지 프로그램 전 과정 동안 전문 인솔자가 동행합니다.

• 상기 일정은 현지 사정에 따라 약간의 변동이 있을 수 있습니다.

합리적 가격의 집중 영어,
필리핀

영어 실력 향상의 숨은 강자

필리핀 영어캠프(이하, 필리핀 캠프)의 가장 큰 장점은 무엇일까요? 바로 캠프 참가 비용이 영어권 국가 비용에 약 반 정도인데, 집중적으로 공부해서 영어 실력이 많이 향상된다는 것입니다. 24시간 기숙사 관리 시스템이라 나이 어린아이들이 참가하기도 좋습니다.

예를 들어, 미국 캠프와 비교해 보겠습니다. 미국 캠프는 아이들 개인 용돈을 제외한 캠프 참가 전체 비용은 약 800~900만 원 정도인데요, 필리핀 캠프는 모두 합쳐서 약 400만 원 미만입니다. 미국 캠프는 하루에 공부하는 시간이 약 3~5교시 정도인데요, 필리핀 캠프는 하루에 약 12~14교시 정도로 공부 시간이 많습니다. 하루에 1:1 수업 6교시, 그룹 수업 2교시, 미국 혹은 영국 원어민 선생님과 함께하는 발음 교정 2교시, 수학 1교시, 체육

2교시, 영어 일기 쓰기 1교시 등 알차게 수업이 진행이 됩니다.

또한 1:1 수업이 많다습니다. 필리핀은 인건비가 상대적으로 저렴한 편이라 1:1로 필리핀 선생님께 수업을 들을 수 있는 것이지요. 미국의 경우 한 수업 당 최소 15명 이상 정도 수업을 듣고, 1:1 수업을 들으려면 1시간에 7~10만 원 정도를 내야 합니다. 반면 필리핀에서는 하루에 4~6시간씩 1:1 수업을 들으니 영어 실력도 많이 향상 되지요. 여러 국가 캠프 중에서 가장 많이 영어 실력이 향상되는 캠프는 필리핀 캠프입니다.

필리핀 캠프 3대 질문

이렇게 필리핀 캠프의 장점을 말씀드리면 학부모님들은 다음과 같이 말씀하십니다. "네 필리핀이 저렴하고, 1:1 수업이 많아서 영어 실력이 많이 향상되는 것도 알겠는데요. 치안은 어떤가요? 영어 발음은 괜찮은가요? 24시간 기숙사 생활을 하는데 관리는 어떤가요?"라고 질문하십니다. 필리핀 캠프의 3대 질문이 "치안, 영어 발음, 기숙사 관리"인데요. 제가 다음과 같이 말씀드리겠습니다.

먼저, 필리핀의 치안에 대한 답변입니다. 필리핀에 대해서 뉴스와 인터넷을 보면 여러 가지 무서운 일들이 많이 나옵니다. 그런데 캠프 아이들은 항상 기숙사에서 선생님과 함께 안전하게 생활을 하고, 외부로 나갈 때 역시 선생님들과 함께 나가니 걱정하지 않으셔도 됩니다. 필리핀에서 일어나는 사건들은 현지에서 사업을 하시거나 혹은 원한 관계가 대부분입니다. 밤에 혼자 택시를 타거나 길을 걷는 것은 위험한데요. 이것은 전세계 공통적인 현상일뿐더러, 캠프 과정을 통틀어 아이들 혼자 밤길을 걸을 일은 없습니다.

아이들은 기숙사에서 생활할 때 필리핀 선생님과 같이 지내고(필리핀은 인건비가 저렴해서 가능합니다), 외부로 나갈 때도 필리핀 선생님 및 우리나라 선생님 인솔하에 같이 나가서 안전합니다.

영어 발음에 대해서는 사실 미국, 영국 등과 차이가 있습니다. 필리핀 모국어인 따갈로그어의 영향을 받아서 영어 발음이 약간 강합니다. 문법 상 "Don't you like this?(이거 안 좋아해?)"라고 부정으로 문의했을 때 좋아하면 "Yes, I like it"이고, 싫으면 "No, I do not like it"인데요. "Yes, I do not like it"이라고 말씀하시는 필리핀 분을 뵌 적이 있습니다.

쉽게 생각하시면 연변에서 우리나라 말을 배운다고 생각하시면 될 것 같기도 합니다. 약간 발음에 차이가 있고, 문법도 미국 혹은 영국인처럼 완벽하지는 않은데요. 이는 분명한 단점이 될 수 있지만, 아이들이 해외 영어캠프에서 배우는 영어는 초급이기 때문에 딱딱한 문법에 얽매이기보다는 자연스럽게 영어를 받아들이는 환경을 만들어 준다는 점에서는 장점이 됩니다. 또한 저렴한 비용으로 1:1 수업을 많이 하시기 원하시는 분들께도 추천드립니다.

마지막으로 필리핀 캠프는 거의 99% 정도 기숙사 생활을 합니다. 홈스테이 하는 일이 많이 없지요. 그러다보니 식사, 빨래, 관리 등에 대해서 많이 질문하십니다.

필리핀 캠프 하루 일과에 대해서 말씀드려보겠습니다. 필리핀 선생님과 같이 자고, 선생님이 깨워주시면 같이 식사하러 갑니다. 아침은 간단하게 토스트, 시리얼, 과일 등으로 먹고, 점심과 저녁은 한식으로 먹습니다. 2~3일에 한 번씩 빨래를 하는데요. 선생님께서 빨래 바구니를 주시면 빨래를 넣어두면 깨끗하게 세탁하여 다시 돌려줍니다. 아이들이 잠자기 전 점호하고요. 아프면 필리핀 간호사 선생님이 계셔서 간단한 것은 치료해 주시고, 그런 일이 생기면 안 되지만 좀 더 많이 아프다 싶으면 병원에 다녀오고 부모님께 말씀을 드립니다.

솔직하게 밝히는 필리핀 캠프의 장단점

필리핀은 상대적으로 저렴한 비용으로 1:1로 영어를 집중적으로 공부하고, 24시간 필리핀 선생님의 케어를 받는다는 장점이 있습니다. 비행 시간도 약 4시간 정도라 그렇게 크게 부담이 되지 않습니다.

필리핀 캠프는 캠프에 처음 참가하고, 추후 영어권 국가에 가기 전에 영어를 집중적으로 공부하려는 아이들이 많이 참가하는 편입니다. 식사, 빨래 등을 필리핀 선생님께서 같이 해주시기에 초등학교 저학년 아이들도 쉽게 참가합니다. 초등학생과 중학생의 비율은 약간 6:4 정도로 초등학생이 좀 더 많은 편이기도 한데요, 영어를 집중적으로 공부할 수 있어서 중학생들에게도 꾸준히 인기가 있습니다.

미국, 캐나다 등은 아이들이 어릴 때부터 자립심과 독립심을 강조하다 보니, 우리 아이들을 대할 때 문화 차이가 있기도 합니다. 예를 들자면, "알람 시계가 있는데 왜 초등학교 6학년이나 되어서 아침에 못 일어나니?"라고 궁금해 하는 홈스테이 분도 계셨거든요. 이런 점에서 필리핀 캠프는 아침에 기상도 선생님과 같이 하고, 식사, 빨래, 손톱 & 발톱 자르기 등을 모두 관리해주시니 참 좋지요.

비행 시간이 짧은 편이라 부모님들께서 3박 4일 정도로 필리핀에 휴가를 가셨다가 아이들을 잠깐 만나러 오시기도 하는데요. 다른 아이들이 알면 "나도 엄마 보고 싶다" 혹은 "나도 집에 가고 싶다" 등 동요할 수 있어서 부모님께서 오시는 것은 다른 아이들에게 알리지 않고 살짝 만나시는 것으로 하고 있습니다.

필리핀이 여러 장점이 있지만, 영어 공부보다는 큰 세상을 보려는 아이들에게는 추천하지 않습니다. 필리핀 거리를 보면 어떤 곳은 우리나라 1940~60년대와 같은 모습을 보이는 경우도 있거든요. 기숙사도 최신식이라고 하지만, 우리나라 혹은 선진국과 비교하면 약간 차이가 있기도 합니다. 그런데 사람 사는데 어떻게 내 마음에 100% 드는 곳이 있겠어요. 내 목표가 "저렴한 비용으로 영어 실력 향상"이라고 하면 필리핀 캠프가 최고입니다. 필리핀 캠프 최고의 장점에 집중하는 것이죠. 다만 "이 나라가 왜 선진국인가?" 등을 알기에는 다소 부족한 면이 있어서 어느 정도 양보하시는 것이 좋습니다.

동남아 날씨에 적응할 수 있을까요?

필리핀 날씨는 항상 여름인데요. 필리핀 건기는 12월 ~ 다음 해 5월까지이고 우기는 6월부터 11월까지입니다. 여름 방학 때는 우기, 겨울 방학 때는 건기인데요. 우기이지만 우리나라 장마처럼 비가 계속 내리지 않습니다. 스콜처럼 확 내렸다가 갑자기 화창해 지거든요. 건기라고 해도 비가 가뭄처럼 안 내리는 것도 아니고 생활하는 데는 그렇게 크게 지장이 없었습니다. 일반적으로 말씀드리면, 아이들은 에어컨이 나오는 실내에서 생활하다가 주말 활동할 때는 밖에 나가 한껏 자연을 즐깁니다. 그러므로 캠프 생활하는 데 우기와 건기가 크게 영향을 끼치지는 않습니다.

필리핀에서 만나는 액티비티와 문화 체험

세부(Cebu) 필리핀에서 가장 많이 알려진 관광 도시입니다. 세부 시티(Cebu City)라고도 합니다. 필리핀의 유명 관광 도시 중의 한 곳이다 보니 문화 체험할 것도 많습니다. 영어도 배우고 다양한 필리핀 문화 체험하기에 좋은 도시입니다.

제이 파크(J Park Island Resort and Waterpark Cebu) 가족들끼리 휴가로도 많이 가는 필리핀 최고의 워터파크로 아이들을 위한 슬라이딩이 많이 있는 우리나라 캐리비안 베이와 비슷합니다. 아이들은 부페 음식을 먹고, 수영을 하면서 즐거운 시간을 보냅니다. 박보검이 다녀온 이후 더 유명해졌습니다.

플랜테이션 베이(Plantation Bay Resort and Spa) 필리핀의 유명한 워터파크 중의 하나로 아이들은 수영도 하고, 활쏘기, 자전거, 암벽 등반, 골프 체험 등 다양한 신체 활동을 많이 경험할 수 있습니다. 저와 함께 갔던 아이들에게는 특히 수영, 활쏘기 등이 인기가 많았습니다.

호핑 투어(hopping tour) 필리핀하면 호핑 투어이지요? 필리핀 전통 배인 방카를 타고 세부의 섬들을 돌아보는 투어입니다. 배만 타지 않습니다. 구명 자켓, 오리발 그리고 스노클을 쓰고 해수면 위에서 바다 속을 들여다보는 액티비티 스노클링을 합니다. 호핑 투어를 하고, 배에서 먹는 식사도 정말 꿀맛입니다.

마닐라(Manila) 필리핀의 수도입니다. 루손섬 남서부에 있는데요. 마닐라 시티 투어 시, 필리핀의 작은 스페인이라 불리는 옛 스페인 정복자들이 살던 거주지를 투어하기도 합니다. 빼놓지 않고 가는 곳으로는 마닐라 성당, 산티아고 요새 등이 있으며 볼거리가 많아서 아이들이 많이 좋아합니다.

캐니언 코브(Canyon Cove) 필리핀의 바다와 수영장을 동시에 즐길 수 있는 장점 있어 인기가 아주 많은 워터파크입니다. 주

로 리조트 내의 수영장에서 물놀이를 즐기는 곳이지만 인근 해변을 바라보는 독특한 경험을 할 수 있어 아이들에게 인기가 많은 워터파크입니다.

인챈티드 킹덤(Enchanted Kingdom) 필리핀에서 최고의 규모를 자랑하는 놀이동산입니다. 다양한 퍼레이드와 놀이기구를 즐길 수 있어 아이들에게 인기가 많습니다.

마닐라 오션파크(Manila Ocean Park) 필리핀의 대표 수족관으로 각종 해양 생물을 만날 수 있습니다. 젤리피쉬 전시관, 펭귄 토크쇼, 해양 동물 체험 등 다양하게 경험할 수 있습니다.

몰 오브 아시아(Mall of Asia) 필리핀에서 가장 크고, 아시아에서 두 번째로 큰 SM쇼핑몰입니다. 불꽃 놀이와 퍼레이드 등의 행사가 항상 있어서 이국적인 쇼핑 문화를 체험할 수 있습니다. 귀국 전 아이들이 선물을 많이 사는 곳이기도 합니다. 부모님, 가족들 선물을 사고 자랑하는 모습을 보면 참 기분이 좋아집니다.

필리핀 캠프 자세히 보기

필리핀 캠프는 사설 학원에서 진행하며, 여름과 겨울 캠프 프로그램이 거의 비슷합니다. 단, 여름에 "일본, 중국, 베트남 아이들과 같이 공부하는 글로벌 캠프"를 한다는 것만 차이가 있습니다.

• 여름 캠프 •

프로그램 개요

학교 필리핀 명문 사설 학원

지역 세부 혹은 마닐라

구성 1:1 수업 6교시 + 네이티브 발음 교정 + 100% 영어 Speech 동영상 + 전문 수영 강습 + 한국 간호사 상주 + 최고급 호텔 전용층

대상 초등학교 3학년 ~ 고등학교 1학년

인원 선착순 30명

숙박 필리핀 명문 사설 학원 기숙사

비용 390만 원(4주), 460만 원(5주), 510만 원(6주) (개인 용돈, 여권 인지대 불포함)

특징

• 일본, 중국, 베트남 아이들과 같이 공부하는 글로벌 캠프

• 깨끗하고 안전한 최고급 호텔 전용층

- 1:1 6교시 영어 집중 수업, 그룹 수업, 영어 일기 쓰기 첨삭 등 다양한 프로그램
- 24시간 아이들을 세심하게 관리하는 안전 관리 시스템
- 한국인 및 필리핀 간호사 상주
- 오후 및 주말 활동으로 다양한 필리핀 문화 체험
- 하루 3끼(아침 – 양식, 점심 및 저녁 – 한식)으로 영양가 있는 식사
- 경력 많은 필리핀 현지 선생님 및 인솔자 선생님 지도
- 캠프 후 100% 영어 Speech 동영상 제공

커리큘럼(1일 총 14교시 스파르타 수업)

1:1 Class	6교시	Speaking, Listening, Writing, Reading, 문법 수업
네이티브 Class	2교시	미국 혹은 영국 선생님 발음 교정, 성조, 억양 수업
Voca 암기 / TEST	2교시	레벨별 단어 그룹 수업
체육 Class	2교시	수영, 탁구, 배드민턴, 줄넘기, 보드게임 등
Speech Training, 일기 첨삭	1교시	대중 앞에서 떨리지 않고 영어 말하기 및 매일 일기 쓰기
수학 선행 Class	1교시	수학 선행 학습 예) 중 1학년 – 중1학년 2학기 수업
액티버티(주1회)	1시간	필리핀 게임, 룸포스터, 골든벨, 풍선 아트 등
스페셜 액티버티(주1회)	3시간	서바이벌 액티버티, 닥터피쉬 등

주간 일정표

시간	시간(40분)	월 – 금	토요일	일요일
07:00~ 08:00		아침 식사 및 휴식	아침 식사 및 휴식	
08:10~ 08:50	1교시	1:1 맨투맨(읽기)		아침 식사 및 휴식
08:50~ 09:30	2교시	1:1 맨투맨(쓰기)		

시간	교시			
09:40~10:20	3교시	네이티브 수업 (발음, 성조, 억양)		
10:20~11:00	4교시			한국 전화 통화
11:10~11:50	5교시	1:1 맨투맨(듣기)		전체 검사 준비
11:50~12:30	6교시	1:1 맨투맨(말하기)		
12:30~13:30		점심 식사 및 휴식	외부 액티버티 호핑투어, 세부시티투어, 집라인, 해양스포츠, J Park, 낚시터, 마사지,	점심 식사 및 휴식
13:30~14:10	7교시	1:1 맨투맨(문법)		
14:10~14:50	8교시	1:1 맨투맨(쓰기)		
15:00~15:40	9교시	보카 암기(Test)		Speech Training 자기 주도 학습 전체 검사 자유 수영
15:40~16:20	10교시			
16:30~17:10	11교시	체육 수영(월, 수, 금), 탁구, 배드민턴, 줄넘기, 보드게임(화, 목)		
17:10~17:50	12교시			
18:00~19:00		저녁 식사 및 휴식		
19:00~20:00	13교시	Speech Training, 일기 첨삭	담임 선생님 상담 일기 쓰기	공지 사항 일기 쓰기
20:00~21:20	14교시	수학 선행 / 공지	영화 감상	생일 파티
21:20~22:10		세면, 점호, 일기 검사		
22:10~		취침		
22:10~00:00		스페셜 클래스		

• 출발에서 도착까지 프로그램 전 과정 동안 전문 인솔자가 동행합니다.

• 상기 일정은 현지 사정에 따라 약간의 변동이 있을 수 있습니다.

전체 일정표

Mon	Tue	Wed	Thu	Fri	Sat	Sun
					6주 출국	Orientation
정규수업 수학수업	정규수업 수학수업	단축수업 스페셜 액티비티	정규수업 수학수업	정규수업 수학수업	4주 출국 J Park	4/5주 출국 Orientation 한국전화 전체검사
	정규수업 수학수업	단축수업 스페셜 액티비티	정규수업 수학수업	정규수업 수학수업	해양 스포츠	한국전화 전체검사
정규수업 수학수업	정규수업 수학수업	단축수업 스페셜 액티비티	정규수업 수학수업	정규수업 수학수업	플랜테이션 베이	한국전화 전체검사 봉사활동
정규수업 수학수업	정규수업 수학수업	단축수업 스페셜 액티비티	정규수업 수학수업	정규수업 수학수업	집라인	한국전화 올림픽
정규수업 수학수업	정규수업 수학수업	단축수업 Talent Show	단축수업 스페셜 액티비티	4주 귀국 정규수업 수학수업	4주 귀국 호핑투어	한국전화전체 검사
정규수업 수학수업	정규수업 수학수업	단축수업 스페셜 액티비티	정규수업 수학수업	6주 귀국 스페셜 수업 마사지	5주 귀국	

* 출발에서 도착까지 프로그램 전 과정 동안 전문 인솔자가 동행합니다.
* 상기 일정은 현지 사정에 따라 약간의 변동이 있을 수 있습니다.

프로그램 개요

학교 필리핀 명문 사설 학원

지역 세부 혹은 마닐라

구성 1:1 수업 6교시 + 네이티브 발음 교정 + 100% 영어 Speech 동영상 + 전
문 수영 강습 + 한국 간호사 상주 + 최고급 호텔 전용층

대상 초등학교 3학년 ~ 고등학교 1학년

인원 선착순 30명

숙박 필리핀 명문 사설 학원 기숙사

비용 390만 원(4주), 510만 원(6주), 610만 원(8주) (개인 용돈, 여권 인지대 불
포함)

특징

• 깨끗하고 안전한 최고급 호텔 전용 층 사용

• 1:1 6교시 영어 집중 수업, 그룹 수업, 영어 일기 쓰기 첨삭 등 다양한 프로그램

• 24시간 아이들을 세심하게 관리하는 안전 관리 시스템

• 한국인 및 필리핀 간호사 상주

• 오후 및 주말 활동으로 다양한 필리핀 문화 체험

• 하루 3끼(아침 – 양식, 점심 및 저녁 – 한식)으로 영양가 있는 식사

• 경력 많은 필리핀 현지 선생님 및 인솔자 선생님 지도

• 캠프 후 100% 영어 Speech 동영상 제공

(커리큘럼 및 일일 일정표는 여름 캠프와 동일합니다)

PART

4

≋

해외 영어캠프
그 후

영어캠프 이후 영어 실력
100% 향상하는 법

조금은 걱정했지만 용기를 낸 덕분에 값진 경험을 하고 온 우리 아이들! 캠프를 무사히 마치고 잘 귀국했나요? 먼저 아이들에게 말해주세요. "대견하다.", "고생 많았어."라고요.

아이들은 캠프 기간 동안 부모님 보고 싶은 거, 우리나라 오고 싶은 거 참으면서 열심히 영어 공부하고 외국 친구들도 많이 사귀었을 겁니다. 이제 캠프 기간 동안 배운 영어 잊지 않도록, 그리고 앞으로 더 실력을 발전하려면 어떻게 해야 좋을까요? 이를 위한 유용한 팁 몇 가지를 소개하겠습니다.

현지에서 사귄 외국 친구, 홈스테이 가족과 계속 연락하기

현지에서 다양한 외국 친구들을 많이 사귀게 됩니다. 정규 수업을 같이 들었던 수줍어 하던 미국 친구도 있고, 영국 기숙사에서 밤에 같이 'Disco 파티'를 했던 프랑스, 독일 친구도 있습니다. 귀국 전 아이들은 서로 선물과 편지와 함께 이메일, SNS(Facebook, Instagram 등) 주소도 같이 교환합니다.

영어 캠프에서 영어에 대한 자신감을 얻었다면, 이제 친구들과 함께 소통을 해야지요. 귀국 후 서로 연락하고, 영상 통화를 하면서 아이들은 영어도 배우고 외국 친구와 우정도 쌓습니다. 영상 통화하면서 서로 모습을 보고, 성인이 되어서 또 만나자며 서로 미래를 그리고 꿈을 키웁니다.

아이들도 귀국 후 우리를 정성껏 보살펴 주셨던 홈스테이에게 감사의 인사를 전하며 우리나라 선물을 보내기도 하고, Facebook, Instagram을 통해서 연락을 합니다. 캠프 기간 동안 보살펴 주셨던 분들께 감사의 인사를 전하며 영어도 배우고 사람 간의 정도 다시 확인합니다. 10년 전 제가 머물렀던 홈스테이 꼬마 아이들이 저 떠나자 보고 싶다고 울면서 제 핸드폰으로 전화한 적이 있었습니다. 아이들이 제가 머물던 방에 계속 있으면서 저 보고 싶다고 했다는데 가슴이 많이 뭉클하였습니다.

목표를 글로 적기

이번 방학 동안 영어도 배우고, 명문대 탐방, 세계적인 유적지도 다녀왔습니다. 많은 것을 느끼고, 나도 커서 이렇게 되고 싶다고 느꼈을 수 있습니다. 그 때의 느낌과 감동이 아직 따끈

할 때 내가 미래에 되고 싶은 모습을 적어두는 것을 추천 드립니다.

1953년 예일 대학교에서 연구 조사한 바에 따르면 총 졸업생의 3%만이 자기의 인생 목표를 적었다고 했는데요. 20년 뒤에 그 졸업생들의 근황을 다시 조사하니, 목표를 적은 3%가 적지 않은 97%보다 훨씬 더 많은 부를 가지고 있었다고 합니다.

이번 방학동안 부모님과 떨어져 지내며 경험하고 느낀 소중한 것을 목표로 정해서 적어두면 어떨까요? "나는 미국 유학을 가겠다. 나는 런던에서 열심히 일하는 커리어 우먼이 되겠다"라는 목표를 세우면 자연적으로 영어를 열심히 공부하게 됩니다.

새로운 곳을 탐방하며 설레던 느낌, 명문대 탐방하며 "멋지다"라고 생각했던 마음 등이 따끈할 때 나의 목표를 글로 적어두세요. "나는 미국 대학으로 진학할 거야", "나는 영국 런던에서 세계적인 동료와 함께 일하며 커리어를 쌓을 거야" 등입니다. 미국 유학을 가려면, 영국 런던에서 업무를 하려면 영어는 기본이고 다른 학과 공부도 충실히 해야 합니다. 내가 정한 확고한 목표가 있으면, 스스로 영어 공부를 열심히 하게 됩니다.

팝송 듣기 및 영어로 된 영화, 드라마 보기

자연스럽게 영어와 외국 문화를 익히는 좋은 방법의 중의 하나입니다. 외국에 있는 동안 귀가 영어에 노출이 되어 자연스럽게 귀가 익숙해져있는데 이 감을 지속해야지요. 팝송 및 외국 영화를 들을 때 100% 못 알아듣는다 하더라고 자꾸 귀에 익도록 꾸준히 듣는 것은 중요합니다. 자꾸 듣다보면 귀에 익숙해지니까요.

영어로 된 책 읽기

우리는 지난 캠프 생활을 하면서 영어로 된 활자에 많이 친숙해졌습니다. 공항에서 막 내렸을 때 간판, 가판대 신문, 홈스테이 탁자에 올려져있던 책 등 모두 영어이지요. 이제 친숙함을 친함으로 바꿀 때입니다. 영어가 빽빽이 적혀있는 책은 부담이 될 수 있으니, 그림이 많더라도 내가 재미있는 책으로 선정해서 편하게 읽어보세요. 캠프 전보다 영어 책을 읽는 것에 더 부담이 없을 겁니다. 어렵다고 생각하지 말고 자꾸 조금씩이라도 하다 보면 어느새 영어가 많이 적혀진 책도 부담 없이 재미있게 읽을 수 있습니다.

해외 영어캠프,
다시 가고 싶어요!

미국 캠프 참가 강○○ 학생 어머니

"엄마! 준영이가 미국에서 타임스퀘어도 가 봤데 난 언제 미국 가?" 미국이라는 나라는 알아도 서부인지 동부인지, 얼마나 넓은지, 비행기로 얼마를 가는지 등등 막연한 생각으로 던진 아들의 말. 잠시 고민했습니다.

막연한 생각으로 던진 말이지만 아이가 가보고 싶다고 할 때 보내는 게 맞을 거 같다는 생각이 들면서, 엄마의 입장에선 10시간 이상 긴 시간 동안의 비행기내에서 버틸 수 있을지, 엄마 아빠를 떠나서 한 번도 생활해 보지 않았는데 아프면 어쩌나, 말도 통하지 않는 나라에서 잘 적응 할 수 있을지 등등 생각이 많아졌습니다.

지인의 소개로 여러 곳을 찾아봤지만 당시에는 아이에게 얘기하지 않았어요. 우리가 고민하고 걱정하는 기색을 들키면 아이가 먼 곳을 보고 오는 걸 두려워하고 포기할지 모른다는 생각이 들었기 때문입니다. 그러나 고민 끝에 아이에게 아빠 엄마의 걱정스러운 얘기를 설명해 주었더니, 콧방귀를 뀌며 본인은 다 컸다며 알아서 할 수 있는 나이라며 우리의 걱정을 내려놓더군요.

아이가 하고자 할 때 기회를 놓치지 않게 하는 것도 아이가 성장하는 단계이고 우리의 할 일이라는 생각이 들었습니다. 가서 힘들면 이 또한 경험, 체험으로 생각하고 성장할 수 있는 기회가 아닐까요?

공항에서 아들과의 인사, 손 흔들며 들어가는 아들의 모습에 울컥했습니다. 군대 보내는 심정이 이런 거겠구나 싶기도 했습니다.

첫날은 잠이 안 와 시간 보며 어디만큼 갔겠구나, 언제쯤 도착하겠구나 돌아서도 걱정 않아도 걱정이었는데, 인솔 선생님이 도착 메시지, 홈페이지에 사진, 동영상, 그날 일정을 친절히 게시해준 덕택에 그때부턴 아들 연락이 안 와도 홈페이지를 들여다 보며 소식을 바로 바로 접할 수 있었습니다.

어렸을 때 계곡 놀러 가서 튜브가 뒤집혀서 그때부터 물을 무서워 했는데, 미국에서 수영은 물론 바다에서 윈드서핑하고 즐기면서 보낸 시간 덕에 물을 무서워하지 않게 되었다고 하네요. 피부는 새까맣게 타버렸지만…….

아들의 목소리를 들으며 타지에서도 즐거움과 설렘이 가득하다는 걸 충분히 느낄 수 있었어요. 기재된 사진과 동영상에서는 해맑은, 그리고 어딘가 조금은 성숙해져 버린 아이의 모습이 특히 빛났습니다!

4주 언제 가나 싶었는데, 벌써 공항에서 아이를 맞이하고 있네요. 문이 열리고 구릿빛 상남자가 웃으며 손 흔드는 모습이 아직도 눈에 선합니다.

또 눈물이 왈칵, 반갑고, 기쁘고, 감사하고 그랬습니다. 만감이 교차하는 기분이 이런 것이구나 싶었어요. 집으로 돌아오는 차 안에서 말은 많이 안 했지만, 4주간 비어있던 아이의 자리가 채워지고 우린 아무 일 없었다는 듯 다시 일상으로 돌아가고 있습니다.

아이는 넓은 세상을 보았고, 짧은 시간이었지만 그 안에서 성장하였고, 많이 느낀 것 같습니다. 그곳에서 한 공부로 인해 한

층 더 자신감이 강해진 걸 느꼈고 정말 즐겁게 지냈다는 걸 부모 입장에서 충분히 알 수 있을 만큼 아이의 얼굴은 환하게 빛나고 있었어요. 재미있었고 또 한 번 가고 싶다며 아쉬운 눈길을 보내기도 하여 기분이 묘할 정도였죠.

아들은 넓은 세상에서 공부하고 싶다고 합니다. UCLA를 상징하는 곰. 그 곰의 코를 만지고, 19번째 계단을 밟지 않으면 학교에 입학할 수 있다는 전설을 듣고 우리 아들은 두 가지를 다 하고 왔대요.

낯선 곳에서 언어, 의사소통이 부족하지만 뭔가를 보고 깨닫고 이해한 우리 아들에게 박수를 보내며 아이들에게 재미와 공부는 물론 신뢰와 안전까지 책임져 주어서 너무 감사하더라고요. 캠프 중에 아이의 생일이 끼었었는데, 모두 같이 축하해 주셔서 더욱 감동이었어요^^

저희 아이가 안전하고 건강하게 잘 다녀올 수 있도록 도와주신 선생님들과 학교, 홈스테이 가족에게 다시 한번 감사하다는 말씀 전합니다.

감사합니다.

미국 LA 캠프 참가자 박○○ 학생

직접 현지 학교를 다니면서 미국문화를 알고 우리나라 언어를 미국친구들에게 알릴 수 있는 기회여서 매우 좋은 경험이었다.

미국 친구들과도 매우 친해져서 한국에 가서도 친구들과 연락하고 지내기로 하였다. 직접 친구들과 영어로 얘기하기도 하고 토요일마다 가는 장소(낫츠베리팜, 디즈니랜드, 유니버셜 스튜디오, 샌프란시스코 등)에서 직접 물건을 사고 음식을 주문하는 것이 너무나도 신선한 경험 이었다. 만약 이런 곳에 가족들이랑 왔으면 직접 하지 않고 가족들이 해줬을 텐데 직접 해서 너무 뿌듯했다. 아침에 학교에 와서 현지친구들과 놀고 말하고 공부하면서 말귀가 뚫리고 밤에는 홈스테이 가족들과 오늘 있었던 일, 영화도 같이 보면서 얘기할 수 있어서 좋았고 일요일에는 가족들과 교회에 가서 미국 교회 문화를 배우고 우리나라 교회와 비교하면서 어떤 것이 있고 어떤 것은 없는지를 알 수 있었다. 그리고 홈스테이 가족과 놀러 다니면서 더욱 다양한 종류의 음식을 먹어보고 만지고 경험하였다.

한국에서는 미세먼지와 안 좋은 날씨들 때문에 볼 수 없었던 이쁜 하늘들과 밤하늘에 놓인 수많은 별들을 볼 수 있어서 좋았다. 등교를 하면서 친구들과도 친해지고 교장선생님 차를 타고 오면서 교장선생님과도 많은 이야기를 나누었다. 지금까지 가본 미국 초등학교와 중학교를 통틀어 이렇게 교장선생님과 친해진 적이 없어, 친근하고 친절하게 다가와 주신 교장선생님께도 너무 감사하다.

미국에서 한달 간 살면서 많은 사람들과 인사하고 친해져서 좋은 기회였다. 1달 동안 제임스, 제이든, 레이나 등 덕분에 많이 웃고 재미있게 보내고 가서 너무 좋다.

캐나다 캠프 참가자 강○○ 학생

일단, 선생님이 너무 잘 해줬다. 어떤 상황에서도 학생들을 잘 챙겨주시고, 항상 안전을 생각해주셔서 안전하게 캠프를 마칠 수 있었습니다. 찰리 쌤, 토니 쌤, 민지 쌤, 매튜 쌤, 다 너무 감사드리고 이번 캠프를 위해 노력 해주셔서 감사합니다.

처음 캐나다 왔을 때 어떻게 적응해야 할지 막막하기도 했는데 진짜 하루 만에 바로 적응하고 친구들도 많이 사귀었습니다. 수업들도 영어로 진행되는 수업이라 이해가 안 되는 부분들도 많았지만 학교 선생님들이 이해가 안될 때는 잘 다시 설명해주셔서 수업도 재미있게 들을 수 있었습니다. 이번 캠프를 통해서 한국에서는 경험하지 못할 많은 것들을 보고 배우면 많은 것을 느꼈고 내 인생의 터닝포인트가 된 것 같습니다.

기회가 된다면 이 곳에 꼭 다시 와서 더 많은 것을 배우고 싶습니다. 한 달 동안 좋은 경험을 하게 해주신 선생님, 부모님께 감사드립니다.

영국 캠프 참가자 오○○ 학생

이번 캠프는 정말 재미있었다. 처음 2일 동안은 너무 힘들고 적응이 되지 않았지만 수업을 듣고 외국친구들을 사귀고 액티비티도 열심히 하다 보니까 점점 재미있어졌다. 옥스퍼드 대학 투어도 정말 재미있었고, 좋은 친구들을 많이 사귀어서 매일이 빨리 가고 재미있었다.

유럽에서도 좋은 것들 구경 많이 했다. 예전에 유럽 여행을 한 적이 있지만, 친구들과 같이 가니 더 재미있었다. 프랑스, 독일, 네덜란드, 벨기에 모두 꿀잼이었다.

다음에 또 오고 싶고 이제 가게 되어 매우 아쉽다.

뉴질랜드 캠프 참가자 이○○ 학생

1월 7일부터 2월 23일까지 7주 동안 영어캠프를 다녀왔다. 3주 동안은 캠프 애들이랑 영어 수업을 하였고, 나머지 4주 동안에는 진짜 현지 학교에 가서 스쿨링을 했다. 신기하고 재미있는 경험이었다. 처음에는 7주가 길게 느껴졌지만 재미있게 캠프에 참여하다 보니 벌써 끝났다.

홈스테이를 너무 잘 만났다. 애들이 있어서 같이 노는 것이 재미있었고, 여러 재미있는 곳을 데려가 주셨다. 사실 학교에서의 첫만남은 별로인 아이들이었다. 그래서 애들이 우리한테 관심이 없는 줄 알았는데 그런 게 아니라 서로 어색하고 낯설었던 것이라는 걸 이제 알게 되었다. 우리 반만 우리를 위해 파티도 열어 주었고, 상장도 주었다. 애들이랑 헤어질 때 엄청 울었다. 한 달이지만 정이 많이 들어서 너무 헤어지기 아쉬웠다. 홈스테이랑 헤어질 때도 눈물이 많이 났다. 나중에 여행 오면 꼭 다시 만나고 싶다. 정도 많이 들고, 추억도 많이 만들어서 좋은 경험이 된 것 같다. 다음에 또 참여하고 싶다.

필리핀 캠프 참가자 양○○ 학생

몇 년 전에 미국 캠프를 갔던 게 좋아서 이번에는 필리핀에 왔다. 한국에서 필리핀으로 온 첫 날 졸리고 힘들었다. 필리핀으로 도착하고 1주일 동안 부모님이 보고 싶기도 하고, 적응 기간인 만큼 슬프기도 했고 힘들었다. 이 1주일 동안은 시간이 정말 느리게 가는 것 같았다.

2번째 주 때에는 1번째 주 때보다는 빠르게 갔다. 3번째 주 때부터는 엄청나게 시간이 빠르게 갔다. 이제 적응이 되어서,

밥도 맛있고, 선생님과도 장난치며 재미있는 시간을 보냈다. 한국으로 돌아가기 하루 전, 전혀 믿기지 않았다. 남아있을 친구들과 선생님들을 생각하면 아쉬웠고 한국 가서 맛있는 음식을 먹을 생각에 들떠 있기도 했다.

다음에 또 올 기회가 된다면 다시 필리핀을 오거나 다른 안 가본 나라도 가보고 싶다.

현지 지도교사가 들려주는 비하인드 스토리

제가 처음 아이들 인솔한 것은 2000년 7월 여름 방학 때였습니다. 8명의 아이들과 함께 캐나다 밴쿠버로 출발을 하였는데요. 그 이후로 지금까지 참 많은 부모님들과 아이들을 만나며 좋은 추억을 많이 쌓았습니다.

지금까지 캠프 업무하면서 많은 부모님들과 아이들을 만나왔는데요, 기억에 남고 정말 고마운 분들이 감사하게도 참 많았습니다. 인생 선배로 배우고 싶은 부모님, 저보다 나이는 어리지만 참가 아이들에게도 많이 배웠습니다. 고마운 분들, 소중한 추억 많이 있지만, 두 분 정도 말씀드려보겠습니다.

나중에 아이를 낳으면 어머니처럼 키우겠습니다

꽤 오래 전 일로 기억합니다. 중학교 2학년 남학생이 밤 12시에 또 전화가 왔습니다. 배가 아프고 잠이 안 온다고 합니다. 미국에 도착한 지 이제 2주일이 되어 가고 있는데요, 벌써 3번째 전화입니다. 낮에는 괜찮다가, 밤이면 배가 아프고 잠이 안 온다고 합니다. 대부분 1주일이면 어느 정도 적응을 하는데, 2주 차가 되어 가는데도 아이가 힘들어합니다.

심리적인 이유가 더 커서 사실 병원에 가도 특별한 방법이 없습니다. 마음을 편하게 먹으라고 하는데요. 아이가 아프니 같이 병원에 갔습니다. 병원에서 침대에 누워 있는 아이에게 "처음이라 그렇지 다 이겨낼 수 있다" 등 격려하는 말을 하였습니다. 아이는 곧 잠이 들었습니다. 병원에서 나오며 어머니께 다녀온 것을 말씀드렸습니다.

이제 2주 차가 끝나갑니다. 2주 뒤면 귀국입니다. 낮에는 괜찮다가, 밤에만 배가 아프고 잠이 안 오는데요. 적응의 과정이거든요. "적응만 잘하면 몸도 괜찮아질 텐데."라고 생각을 하고 있는데 때마침 어머니께서 전화를 주셨습니다.

아이가 아프다고 해서 혼을 냈다고 합니다. "아이가 아프다는데 왜 혼냈냐?"라고 여쭤어보니, 전화해서 "집에 가고 싶다."라며 울었다는 겁니다. 그래서 '그런 이야기하려면 다시 전화하지 말라'고 혼냈다고 하십니다.

아이를 달래주어야겠다고 생각하고 아이를 찾았습니다. 아이는 고개를 숙이고 별다른 말이 없었습니다. 이제 괜찮아질 거라고 말하고 마음 편하게 먹으라고 했습니다. 다음 날 아이가 굳은 결심을 한 듯 "저 이제 정말 잘 지낼 거예요"라고 먼저 이야기를 했습니다. 결심 후 아이는 달라졌습니다. 표정이 밝아지고, 점점 크게 웃는 모습이 많이 보이기 시작했습니다.

아이의 변화가 너무 반가워 어머니께 말씀을 드렸습니다. 지금 아주 잘하고 있다고 말이죠. 이후 어머니께서는 아이에게 "네가 미워서 혼낸 것이 아니라, 너 잘되라고 혼낸 거다. 장하다"라고 이메일을 보내셨습니다. 아이는 그 이후 잘 먹고, 잘 자고, 잘 지냈습니다. 밤에 아파서 앓지도 않게 되었습니다. 아이에게 "이제 적응되니까 집에 갈 시간이네"라고 웃으며 말하자 아이도 웃습니다. "선생님, 벌써 가기 아쉬워요"

어머니께서는 아이에게 힘이 되고, 긍정적인 메시지를 계속 보내주셨습니다. "용기 있는 사람은 두려움이 없는 사람이 아니라, 두렵지만 행동하는 사람이다. 무모하더라도 시작하라, 성공하려면" 등 애정과 용기를 동시에 주는 멋진 말들이었습니다. 아이는 점점 더 힘을 냈고, 캠프 마지막까지 건강하게 잘 마치고 귀국하였습니다.

어머니의 단호한 모습, 긍정적인 메시지, 아이의 변화하는 모습 등을 보며 저도 깨달은 바가 많았습니다. 어머니께서는 저보고 "미안하고, 감사했다."라고 하시는데, 제가 오히려 어머니께 감사했습니다. 귀국 전 어머니께 인사드리며 "저도 아이를 낳으면 어머니처럼 키우겠다."라고 존경과 감사의 말씀을 전했던 기억이 있습니다.

이 넓은 자리 저 혼자 써요

미국 여름 캠프에 초등학교 4학년 꼬마 여학생이 등록했습니다. 국제 학교에 다녔다고 하는데, 영어도 잘하고 씩씩한 깜찍한 아이였습니다. 수업 시간의 모습을 보면, 항상 열심히 영어로 질문하거나, 대답하는 모습이어서 기특한 아이였습니다. 영어 잘하고, 뭐든 열심히 하는 아이라고만 생각을 하였는데, 저는 반만 알고 있었습니다. 이 아이의 진 면목은 따로 있었습니다.

미국 여름 캠프 때 미국 아이들과 1주일 동안 Outdoor Camp(야외 캠프)에 참여하는 일정이 있었습니다. 한 그룹은 같은 성별, 비슷한 나이로 9~10명 정도로 구성이 됩니다. 미국 선생님 2분의 인솔 하에 같은 그룹끼리 같이 밥 먹고, 잠 자고, 모든 일정을 1주일 동안 함께 합니다.

통상 한 그룹 당 미국 아이들 7~8명에 우리나라 아이들 2~3

명 정도 들어가는데요. 그룹 발표가 났는데, 이 꼬마 아이가 그룹에 유일한 우리나라 아이로 배정이 되었습니다. 발표 후, 해당 그룹 아이들은 미국 선생님 인솔 하에 이제 머무를 Cabin(통나무 집)으로 가려고 짐을 챙기기 시작하였습니다. 그 꼬마 아이도 미국 아이들과 함께 준비하고 일어섰습니다.

가장 어린 아이가 혼자 배정이 되어 깜짝 놀랐습니다. 얼른 아이 뒤를 따라갔습니다. 걱정스러운 표정으로 따라가는 저를 뒤돌아보며 한 첫 마디는 "저 괜찮아요."였습니다. 아이는 저를 안심시키고 씩씩하게 가방을 매고, 미국 친구들과 함께 미국 선생님 뒤를 따라갔습니다.

다음 날 아침, 저는 곧바로 아이가 있는 Cabin을 찾았습니다. 아이는 씻고 아침 먹으러 미국 아이들과 함께 한 줄로 나오고 있었습니다. 저를 보자마자 "저 적응했어요"라고 웃으며 말을 하는 겁니다. 담당 미국 선생님께 여쭈어보니 "She is a super girl. Excellent"라고 합니다. 밥도 잘 먹고, 적극적이라고 칭찬하였습니다.

Outdoor Camp에서 아이들은 그룹별로 양궁, 말 타기, 하이킹 등을 하는데요. 제가 갔을 때 아이 그룹은 양궁을 하고 있었습니다. 한 그룹을 반으로 나누어 5명 정도가 활을 쏘면, 다른 아이들은 의자에 앉아 대기하는 순서로 진행된 활동이었습니다. 제가 갔을 때 이 아이는 활 쏘는 것을 마치고 의자로 돌아가던 중이었습니다.

의자가 두 개가 있었는데, 미국 아이들은 한 의자에 모두 앉았고, 이 아이 혼자만 다른 의자에 앉았는데요. 이러면 "미국 아이들이 저랑 안 놀아요"라고 투정할 수도 있는데 아이가 한 말은 정말 뜻밖이었습니다. "이 넓은 자리 저 혼자 써요"라고 말하는 겁니다.

아이의 긍정적인 생각에 깜짝 놀랐습니다. 어쩌면 이렇게 어린 아이가 이렇게 긍정적이고, 배짱이 있나 싶어서요. 제 자신을 돌아보게 되었고, 아이가 성장하면 얼마나 더 멋질지 가슴이 두근거릴 정도로 기대가 되었습니다.

이처럼 저는 지금까지 수많은 캠프를 인솔하며 많은 아이들과 부모님을 만나왔습니다. 한 분 한 분 소중한 기억으로 간직하고 있지만 모두를 말하다보면 너무 이야기가 길어질 것 같아 특히 기억에 남는 몇 분을 소개해 보았습니다. 기억을 되짚어보며 지금까지 캠프를 진행하며 고마운 분들을 많이 만났다는 사실을 깨달았습니다. 다시 한번 이 자리를 빌려 감사의 말씀을 드리며, 이만 글을 마칩니다.

20년 경력 해외 영어캠프 전문가만의 꿀팁 20

캠프를 진행하며 여러 다양한 국가를 많이 다녀왔습니다. 자연스럽게 여러 노하우 및 꿀팁을 알게 되었는데요. 고마운 독자 여러분들과 공유하고자 합니다.

조기 이벤트

여름 캠프라면 3월, 겨울 캠프라면 8~9월에 등록하세요. 조기 이벤트가 있어 가장 저렴할 때이고, 항공권도 일찍 구매할수록 저렴합니다.

비행기 복도 자리

아이들은 특히 비행기 창가 좌석을 선호하는 경우가 많습니다. 그러나 10시간 이상 장거리 비행의 경우 복도 자리가 화장실에 가기 편합니다.

기내 숙면

현지에 도착하는 시간이 아침이면 비행기 안에서 푹 자고, 저녁이면 비행기 안에서 자지 않는 것이 좋다고 하는데요. 저는 비행기 안에서 아이들에게 자라고 합니다. 부모님 떨어져서 비행기 타는 것, 도착 후 새로운 환경 등이 스트레스가 될 수 있기 때문입니다. 피로한 생태면 더 민감하게 받아들일 수 있어 잠을 자 두는 편이 좋았습니다.

기내에서는 물을 많이 마시고 스트레칭 하기

장시간 동안 비행기 안에 있으면 몸이 붓고 힘듭니다. 계속 게임을 하거나 혹은 영화를 보며 잠을 안 자면 캠프 일정을 시작할 때 힘들 수 있습니다. 물을 많이 마시고, 잠을 자고, 스트레칭을 종종 해주세요.

옷가지

옷은 저렴한 것으로 준비해 주시고(세탁기, 건조기 사용으로 옷이 상할 수 있습니다), 속옷 등은 오래된 옷을 가지고 와서 갈 때 버리고 가기도 합니다.

썬크림과 모자

야외에서 진행하는 일정이 많이 있습니다. 햇빛이 뜨거우니 선크림과 모자는 필수로 준비해 주세요.

챕스틱

건조해서 입술이 틀 수 있으니 꼭 챙겨주세요.

욕실용 슬리퍼

외국은 방에서 신발을 신는 경우가 많으니 편하게 신도록 욕실용 슬리퍼 준비해 주세요.

크로스 백

출국 시 아이들이 여권을 꼭 가지고 있어야 하는 순간에 아이들에게 여권을 나누어줍니다. 이때 여권 및 지갑을 넣을 크로스백을 준비해 주세요.

비상금

인천 공항 출국 시 갑자기 항공 출발이 지연되는 경우가 있습니다. 이때 간단한 음료수 등을 사 먹을 수 있거든요. 혹시 모르니 만 원 정도 아이가 가지고 있도록 해주세요.
아이들 현지 용돈은 대부분 인솔 선생님이 관리합니다. 용돈을 맡기더라도 혹시 비상금이 필요할 수 있으니 약 2~3만 원에 해당하는 현지화를 아이가 따로 보관하게 해주세요.

동전 넣을 지갑

아이들이 처음에는 현지 화폐 단위를 잘 알지 못해 지폐를 내고 거스름돈으로 동전을 받아 동전이 많아집니다. 동전을 넣을 수 있는 지갑을 준비해 주세요.

현지 도착 후 간단한 간식

현지 공항에 도착 후 입국 절차가 예상보다 길어지거나 혹은 공항에서 학교까지 가는 데 시간이 걸리기도 합니다. 간단하게 먹을 것을 기내로 챙겨주세요. 액체는 기내 반입이 제한되기 때문에 간단하게 먹을 빵 1~2개가 좋습니다.

여벌 안경

한 캠프 당 1~2명 정도 안경이 부러지거나 혹은 분실하는 경우가 있습니다. 안경을 착용하는 아이들은 혹시 모르니 여벌 안경을 준비해 주세요.

헤어드라이어

220V에서만 사용 가능한 드라이기가 있습니다. 현지에서 사용할 수 없을 수 있으니 반드시 확인해 주세요.

간단한 선물

귀국 시 친해진 외국 친구들에게 나누어줄 간단한 선물을 준비하면 좋습니다. 의외로 현지에서는 우리나라 학용품이 인기가 많아서 자, 지우개 등을 많이 가져갑니다. 혹은 간단한 초코과자 혹은 사탕 등을 주기도 합니다.

하루에 영어 3마디

하루에 학교, 홈스테이에서 영어로 3마디는 꼭 하도록 약속합니다 더 많이 하면 더 좋습니다. 처음에는 수줍게 3마디를 하지만, 귀국 시에는 셀 수 없을 정도로 말을 많이 하게 됩니다.

귀국 전 연락처 교환

선생님, 외국 친구, 홈스테이 분들과 연락처 교환해서 귀국 후에도 서로 안부를 묻도록 합니다.

미국 Universal Studios 관람 시

Universal Studios에 볼거리가 많습니다. 트램을 타고 할리우드 영화와 TV 촬영이 이루어졌던 스튜디오와 세트를 돌아보는 'Studio Tour'는 특히나 인기 많으니 꼭 타보세요.

호주 영어

안녕하세요. How are you? / G'day('굿데이'로 발음합니다).
감사합니다. Thank you / Ta!
천만에요. 괜찮아요. 좋아요. No worries.
호주에서 사용하는 영어 예시입니다. 이처럼 나라별로 독특하게 쓰이는 영어 표현을 미리 익혀두면 좋아요.

뉴질랜드 Kiwi

Kiwi는 과일 및 뉴질랜드 새 일종입니다. 뉴질랜드에서는 뉴질랜드 사람을 Kiwi라고 부르고, 현지 친구들을 Kiwi 친구들이라고도 합니다. 귀엽고 독특한 표현이죠? 해외 영어캠프에서 그 나라의 문화도 꼭 적극적으로 경험해 보세요.

블로그 및 인터넷에는 해외 영어캠프와 관련된 많은 정보가 있습니다. 하지만, 어디에서나 쉽게 볼 수 있는 정보가 아닌, 20년 경력의 전문가만이 할 수 있는 말을 적으려고 했습니다.

저는 캠프 업무를 하면서 많은 아이들과 부모님들을 뵈었고, 외국도 많이 다녀왔습니다. 캠프를 담당하는 분들은 많이 있지만, 저처럼 캠프 기획, 홍보, 모객 등 전체 업무를 하며 다양한 국가를 매년 인솔하여 가는 경우는 거의 없습니다. 때문에 예전부터 해외 영어캠프 이야기를 책으로 쓰고 싶다는 생각이 있었습니다. 이 책을 통해 지금까지 제가 얻은 소중한 노하우와 경험을 많은 분들께 말씀드리는 자리를 마련하게 되어 행복합니다.

원고를 쓸 때, 책을 쓰는 것이 아닌 부모님들 혹은 아이들에게 열정적으로 해외 영어캠프에 대해서 상담을 드리고 있다는 생각을 하며 글을 썼습니다. '처음 캠프라 궁금한 점도 많고 여러 가지 생각이 많으실 텐데' 하는 생각에 정확한 정보를 드리고 마음을 어루만져드리고 싶었습니다.

기억을 더듬어 부모님들이 많이 질문하셨던 내용도 정리했습니다. 덕분에 해외 영어캠프에 대해서 처음부터 다시 생각하였고, 아이들과 외국에서 함께 웃고 이야기하던 기억도 새록새록 떠올랐습니다. 처음 도착 후 집에 가고 싶다고 울던 아이가 부쩍 성장해 1주일 뒤에는 생활에 적응하고 밝게 웃던 모습, 초등학생이었던 아이가 성인이 되어서 인사 왔을 때의 기쁨 등 그동안 겪어온 추억과 감정들이 모두 지금 일인 듯 생생하면서도 새롭게 느껴졌습니다. 제가 가진 정보를 공유하는 작업인 줄 알았는데, 책을 쓰는 일 자체가 제게도 선물이 되었습니다.

해외 영어캠프에 참가한다고 해서 영어 실력이 아주 많이 향상되지는 않습니다. 하지만 더 넓은 세계를 둘러보며 아이들은 꿈과 희망, 자신감을 가지게 됩니다. 바로 옆에서 아이들이 긍정적, 적극적으로 변하는 모습을 보는 것은 제 직업이 가진 가장 큰 장점 중의 하나입니다. 부모님들과 아이들에게 항상 많은 것을 받았는데, 이렇게 캠프를 하며 얻은 노하우와 경험을 책으로 돌려드릴 수 있게 되어 참으로 감사합니다.

이 책이 나오는 데 귀한 분들의 도움을 많이 받았습니다. 저와 해외 영어캠프를 함께했던 모든 아이들과 학부모님들께 깊은 감사의 말씀 드립니다. 저에게 해외 영어캠프 업무를 맡겨 준 회사 그리고 적극적인 지지와 도움을 주셨던 많은 상사와 동료분들께 진심으로 감사드립니다. 항상 든든한 지원을 해주시는 가족 모두 정말 감사합니다. 제 원고를 보고 기회를 주신 이담북스 이강임 편집장님께 감사합니다. 원고를 작성하도록 친절하게 독려해주신 이담북스의 유나 님과 예쁘게 디자인해주신 김예리 님께 이 자리를 빌려 감사의 말씀 전합니다. 이 모든 분들 덕분에 할 수 있었습니다.

감사합니다.